从 造 货 到 塑 品 的 产 品 思 维

定义

熊浩 著

电子工业出版社
Publishing House of Electronics Industry
北京·BEIJING

未经许可，不得以任何方式复制或抄袭本书之部分或全部内容。
版权所有，侵权必究。

图书在版编目（CIP）数据

定义：从造货到塑品的产品思维 / 熊浩著.
北京：电子工业出版社，2025.5. -- ISBN 978-7-121-49975-3
Ⅰ.TB472
中国国家版本馆CIP数据核字第20259WQ410号

责任编辑：陈晓婕　特约编辑：马　鑫
印　　刷：北京利丰雅高长城印刷有限公司
装　　订：北京利丰雅高长城印刷有限公司
出版发行：电子工业出版社
　　　　　北京市海淀区万寿路173信箱　　邮编：100036
开　　本：787×1092　1/16　印张：15.5　字数：396.8千字
版　　次：2025年5月第1版
印　　次：2025年5月第1次印刷
定　　价：108.00元

凡所购买电子工业出版社图书有缺损问题，请向购买书店调换。若书店售缺，请与本社发行部联系，联系及邮购电话：（010）88254888，88258888。
质量投诉请发邮件至zlts@phei.com.cn，盗版侵权举报请发邮件至dbqq@phei.com.cn。
本书咨询联系方式：（010）88254161～88254167转1897。

编委会

主　　编：熊浩　岳龙

执行主编：词色万相

顾　　问：库尔兹库尔兹设计事务所（德国）

联合推荐

在当代都市生活中，定制家居与空间的关系愈发紧密，人们更需要一个完整的空间体验。熊浩通过对家居、空间与生活方式关系的深入分析，以及对都市人群家居需求的深刻洞察，与威法联手重新定义了全屋定制的空间产品。

打开这本书，仿佛走进一位产品人的工作间，这里没有浮夸的"高端"说教，只有关于"家"的真诚思考。书中不仅系统阐释了"产品定义"的落地方法论，也详细描述了与威法合作的典型案例——阿丽塔，展现如何通过定制家具的变换组合，解决家居生活中的多场景空间切换问题。在合作的这些年里，我最大的感受是：他总能从最普通的生活需求里，找到设计的闪光点。这本书就像他多年工作的记录本，蕴含了很多实实在在的经验和思考，书中还分享了许多产品创新方法和丰富的案例，为产品从业者和设计爱好者提供了宝贵的思路与启发。

杨炼

广东威法定制家居股份有限公司董事长

开发优秀产品的重点是：从精准定义产品到满足多样化市场需求。我们与熊浩团队合作的 OpenComm 骨传导产品，得到了熊浩和 Kurz Kurz Design 设计团队的大力支持。在双方的通力合作下，我们打造出能满足专业用户在不同场景需求下的可靠产品。对于企业经营者而言，本书的价值在于其系统化的产品思维构建和丰富的实战案例。它帮助企业在激烈的市场竞争中，通过精准的产品定义和创新优化，打造出具有竞争力的产品解决方案。无论是企业决策者还是产品经理，都能通过本书中阐述的方法提升产品开发效率和成功率。

陈迁

深圳市韶音科技有限公司创始人、董事长

本书正是熊浩多年实践经验的结晶。在书中，他系统性地梳理了产品定义的逻辑与方法，从用户洞察、市场分析到产品设计、功能塑造，层层递进，为读者提供了一套完整的产品定义体系。

我相信，本书将成为产品设计领域的一本重要参考书，为行业发展注入新的活力。本书所倡导的系统化思维和用户导向理念，正是产品开发中不可或缺的部分。我诚挚地推荐本书，期待它能启发更多的产品人，创造出更具影响力的产品！

边仿博士
HIFIMAN 创始人

作为一名深耕设计行业多年的从业者，我深知"定义"之于产品的重要性。很高兴看到熊浩兄将多年产品开发经验倾注于本书中，为读者系统性地梳理了产品定义的逻辑与方法。本书不仅凝结了熊浩对产品的深刻洞察，更难得的是，他将复杂的理论转化为易懂的案例和实用的工具，让读者能够轻松理解并应用于实际工作中。

我相信，很多读者都能从本书中获益匪浅，在产品定义的道路上少走弯路，打造出更具市场竞争力的产品。广州设计周一直致力于推动设计创新与产业发展，而本书所倡导的以用户为中心、以市场为导向的产品定义理念，与我们的理念不谋而合。我衷心推荐这本书，期待它能帮助更多中国产品脱颖而出，走向世界！

张卫平
广州设计周创始人

"当超级女孩成为超级妈妈，面对夜间喂奶的孤独与疲惫"，这些深刻的洞察不仅重新定义了产品的形式，更将关怀融入每一个细节，打造出真正贴合新妈妈需求的产品。这一严谨而富有同理心的设计过程，正是"熊猫布布"所追求的。企业需要基于用户体验去创造产品，而本书提供了宝贵的思路和方法。书中不仅分享了如何通过设计解决实际问题，还强调了如何在产品中注入温暖与关怀。无论是企业决策者还是设计工作者，都能从中获得启发。

魏钰成
熊猫布布创始人

我有幸在十年前参加了熊浩公司的年会。我当时不禁感叹："中国还有这样认真做五金产品设计的公司！"作为五金制造从业者，我深知这个行业往往是被忽视的角落，而熊浩团队却倾注了多年的时间和精力，与我们共同打磨产品。在这些年的合作中，他和我们的工程师共同研发出了 Held（赫尔德）、Mortensen（墨坦森）、（TÜRWELT）拓尔威勒等滑轮五金系统，就算是为了一款铰链，他们也会反复更新设计数十次。最让我触动的是，去年行业遭遇寒冬时，他依然坚持投入巨大精力。他说："五金是家居的关节，关节病了，再美的躯干也是摆设。"如果你好奇中国制造如何靠"小细节"赢得市场，或者想了解真正的匠心从何而来，那么熊浩和欧派克的故事会给你最真实的答案。

许超
广东欧派克家居智能科技有限公司董事长

在珠宝时尚媒体行业近 20 年，我对熊浩在书中提到的"文化共情"深表认同。珠宝不仅是最浓缩的财富象征，更是真挚情感的载体，以及文化与艺术的绝佳表达。贵金属和宝石唯有经过匠心的设计，方能蜕变为蕴含故事、情感与审美价值的产品。当消费者拿到珠宝时，从精致的包装到产品本身，无不构成一场极富仪式感的体验之旅，使其能够充分领略品牌所蕴含的深厚价值，无论是有形的还是无形的。

敬静
《芭莎珠宝》主编

在设计与商业的交汇处，熊浩通过东西方设计思维的多元视角，将敏锐的人性洞察与商业实践完美结合。他的新书不仅是一部关于产品定义的精准指南，更是一部关于如何将设计创意转化为商业价值的实战宝典。书中，他以独特的视角和丰富的案例，揭示了产品定义背后的人性逻辑、科技逻辑和商业逻辑。他更是通过大道至简的设计之美，让产品焕发出创意的艺术之感，为读者提供了一条从哲思洞察到价值落地的清晰路径。

我与熊浩相识多年，深知他具备在德国多年学习与工作所积累的高端职场设计素养。他的作品总是能在美学与功能之间找到完美的平衡，并赋予产品强大的市场生命力。在本书中，他以一贯简约隽永的设计风格，游刃有余地将复杂的概念转化为可操作的设计方法论，为读者提供了至真至诚的设计方法和创意灵感。本书不仅是对产品定义的系统总结，更是对设计思维与商业价值的深度探讨，适合每一位希望在设计与商业之间架起桥梁的从业者阅读。

覃京燕
教育部长江学者特聘教授

推荐导读（一）

4P 营销理论是市场营销理论中的一个基础理论，即产品（Product）、价格（Price）、渠道（Place）、推广（Promotion）。作为 4P 之首，产品对于营销的意义不言而喻。多年来，我领导科特勒咨询集团中国团队服务了超过 120 家大型企业和创新公司，接触了形形色色的产品，其中涵盖了新能源、快消、消费电子、家电家居等多个领域。在我的新书《新增长路径》中也提到：中国每年线上出现的新产品就有 5000 万种之多。能够为企业带来结构性增长的产品要具备两方面的特点：解决用户的问题和为用户带来独特的体验。我们在过往众多项目中，通过为客户制定企业的发展战略和合理的增长模型，为客户带来了丰厚的回报。但从产品的角度来看，在企业正确的发展策略前提下，产品要给予企业和品牌营销足够的支撑，才能使整个的营销成为闭环。我们通过营销手段树立的诸多卖点，要通过产品独特而适用的功能得以实现。另外，产品的定义与营销理论的其他 3 个 P 也息息相关。

第一，我们的产品要有合适的定价，"高质低价"会损失我们的利润，"低质高价"会伤害我们的品牌口碑；产品定义中的一个重点就是合理控制产品的成本，而产品的成本也直接决定了产品的价格。聪明的产品设计会让我们在保证实现产品功能的同时，节约材料和制造成本，从而给消费者最实惠的价格。

第二，我们的产品要满足销售区域和渠道的需求。线上销售的商品缺乏用户在购买时"身临其境"的体验，我们应该如何通过产品定义来进行功能和体验的"外显"；线下销售的产品，用户会接触到产品，我们又该如何塑造产品质感和"初体验"。

第三，产品在定义初期就应该想到如何配合我们的销售策略。单品销售还是套装？线上销售的产品，要考虑如何减小产品重量和体积从而节省物流成本；出口的产品，要考虑运往海外的装柜量；有很多产品可以考虑通过耗材的引入提升用户黏性和提高销售利润。

因此，产品是我们营销行为的基础，是我们可营销的前提。在营销的整条链路上，用户洞察是起点，用户满意和推荐是终点，而连起起点和终点的是卓越的产品！

我与熊浩相识多年，最开始我只知道他是一个从德国留学回来的工业设计师，之前就职于戴姆勒·奔驰的 Innovation Studio，现在经营一家德国的设计公司。工业设计对我来说并不陌生，因为科特勒咨询与 MIT

Media Lab、清华大学美术学院等著名设计创新机构都有交流与合作。有一次我们谈到一个话题"Design for Happiness",我与他在产品方面有很多共同的话题和相似的观点。他给我解释了从包豪斯开始设计发展的几个层次:Design for Function, Design for Experience, Design for Service, Design for Happiness。我认为,熊浩绝对不只是一个产品设计师那么简单。对产品和设计,他有着自己非常独到的见解。在德国留学和在戴姆勒·奔驰公司工作的经历,让他在设计产品时能够融汇中西,既了解近代西方工业产品的技术功能的发展、演变,又熟知东西方用户的消费和使用习惯,对"产品定义"有着非常更深刻的认知。我到访过他的公司,从设计公司使用的各种产品到博物馆馆藏几千件的珍贵藏品,都能够感受到他对设计、对产品、对生活的热爱。我想收藏本身对他的产品定义思维有着巨大的影响。其实收藏本身就是对"物"的执念。他说通过每天"阅读"这些藏品,会培养他的"审美惯性"。这是一个很有意思的词,我也相信一个人的审美和品位是要通过生活中的点点滴滴积累起来的。对产品的认知也是如此,通过对产品发展脉络的认识,会更为透彻地了解产品性能、成本等方面的变化。只有这样才能做出有实际突破的产品创新。否则,创新只能停留在"微创新"和"伪创新"的层面。如果说产品定义和营销的终极目标都是为了创造"极致的用户幸福感",我想我们在未来一定会有很多的合作契机。

中国的工业设计发展起步较晚,并且掠过了一些关键性的时间节点。而我们今天所接触到的商品和工业发展现状大多是跟随西方工业的。这就使我们的产品定义思维在某种程度上与我们的工业发展水平脱节。尤其是在现代工业制造环境下产生的"复杂产品"(非食品、快消品)方面,这种脱节尤其明显。复杂产品由于其复杂性涵盖了人与物、物与物之间的多重交互,而每一个层次的交互都包含了用户对产品功能和体验的期待。因此,我们必须用行之有效的方法，一步步地还原真实的用户场景，才能为用户定义更美好的产品。近代的工业产品创新主要以西方 Design Thinking 为主导，我们在相当一段时间内一直处在跟随西方主流的产品定义路线。然而，东西方的生活方式终究是有差异的。本书从西方工业产品发展的成功路径中总结出一套产品定义的认识论，并且结合当下以小红书等社交媒体为主要传播途径的中国市场现状，能够启发产品人如何打造以杰出设计占领用户心智的畅销产品。

在当今的数智化时代，企业对"产品"的认知也在不断地升级和迭代，从过去的功能性产品、爆品、高颜值产品，到今天企业越来越关注"作为平台的产品（Product Platform）"的开发，产品不再是冷冰冰的孤立存在，而是一个融入顾客生活和客户工作场景的"复杂产品"；产品不再是企业制造出来用户购买和使用的一成不变的器物，而变成了利用智能化技术可以随用户使用习惯和数据而不断成长的产品——"智能产品"。总之，我们需要超越狭隘的对"好产品"的认识。这些认识要么是迎合新消费模式的"网红高颜值"，要么是追求极致的"匠人品质"，还有最不可取的"极致性价比""价格战"策略。其实，好的产品最终一定要为用户带来"幸福感"，既要有良好的功能体验，又要有提供给用户真实的"情绪价值"。要达到这些目的，都需要品牌方从产品定义和设计入手，在管理、供应链、营销等方方面面做到恰到好处。

我觉得这是一本很适合以"复杂产品"为核心竞争力的公司老板和产品经理阅读的书。熊浩在书中分享了一些经典案例，有些案例来自我们耳熟能详的公司和品牌，像 Lululemon、Nike。书中以独特的产品定义视角做出了分析；更可贵的是，有些案例虽然不是"如雷贯耳"，但很多都是在垂直品类默默存在的"隐形冠军"，在我们的生活中担负着"民生级"的责任。

在很长一段时间里，我们都在关注"现象级"的产品，而忽视了与我们生活息息相关的产品创新。而往往"现象级"产品往往只是昙花一现，这些"民生级"产品的创新才是推动我们美好生活向前迈进的重要基石。

读了这本书之后，我觉得熊浩所谈到的"设计"是产品定义的一部分。他提醒了我们的企业家、产品经理以及设计师们，不要再仅以产品的颜值来作为设计工作的重心。"颜值即正义"没有错，但并不是设计的全部目的。以人、物、场的分析为基础，进行完整的产品定义，才是企业研发产品的正确道路。

从书中我看到了产品的价值。通过产品定义，我们的产品诞生出来不再是一个单纯的甚至死板的外貌产品，而是兼顾功能性的同时，又有巨大的情绪价值，是一个活生生的生命体，是一个能与消费者共情、有着自己的故事的陪伴者。一个被定义的产品，是一个在你需要的时候，立即能帮助你解决问题的产品，是一个能带给你一段良好体验的产品，是一个表达你自身价值主张的产品，是一个能让你与外界产生交流的产品。

产业升级和企业出海的大潮正在席卷神州大地，越来越多的中国企业开始在国内和国际市场打造品牌。不要忘记，伟大品牌的根基是卓越的产品。我希望企业家和经理人能够通过阅读本书获得对"产品"的新认知和新启发，并在实际工作中学以致用！

曹虎
科特勒咨询集团全球合伙人、中国区和新加坡区总裁 CEO

推荐导读（二）

很高兴能为熊浩的新书作序。当我得知这本书即将出版时，内心充满了期待。作为一名长期从事产品设计与开发的工作者，我深知"产品定义"在整个产品生命周期中的重要性。而这本书，恰恰抓住了这个核心，系统地阐述了如何定义产品、构建产品故事、设计产品功能与卖点，甚至总结了多年实践中的方法论。这不仅是一本理论书籍，更是一本实践指南，值得每一位产品从业者细细品读。

小米集团从创立之初，就始终坚持"用户为中心"的产品理念。无论是早期的MIUI系统，还是后来的智能手机、生态链产品，我们都将"产品定义"作为一切工作的起点。定义产品的过程，本质上是在回答"我们为什么要做这个产品？""为谁而做？""它解决了什么问题？"这些看似简单的问题，却往往决定了产品的成败。小米的成功，很大程度上得益于我们对产品定义的精准把握。我们始终相信，只有真正理解用户需求，才能做出打动人心的产品。

在本书中，熊浩基于多年的实践经验，将这些看似抽象的概念具象化，形成了一套具有可操作性的方法论。书中的案例和方法，不仅适用于初创企业，也适用于成熟企业的产品创新。无论是企业老板、产品经理，还是设计师、开发人员，都能从中找到灵感和启发。

作为小米的联合创始人之一，我见证了小米从无到有、从小到大的全过程。在这个过程中，我深刻体会到，产品定义不仅是产品开发的起点，更是企业战略的核心。优秀的产品定义，能够为企业指明方向，凝聚团队力量，甚至改变行业格局。因此，我特别希望本书能够帮助更多的企业和从业者，重新审视产品定义的重要性，并在实践中不断优化和创新。

值得一提的是，我和熊浩有一个共同的爱好——收藏。我们都是工业设计师出身，对古董和老物件有着深厚的兴趣。熊浩更是倾注了大量心血，建立了一座藏品颇丰的博物馆，收藏了工业革命以来近三百年的工业产品，尤其是声光电领域的经典之作，其中还包括许多博朗（Braun）的工业设计产品。这些藏品不仅是历史的见证，更是设计灵感的源泉。我曾参观过这座博物馆，那些经典的设计让我深受震撼。通过对这些古董和老物件的研究，我们不仅能够感受到历史的厚重，更能从中汲取设计的智慧。经典的产品设计往往具备一种超越时间的美感和功能性，这正是我们今天在定义和设计产品时需要学习的。无论是博朗的收音机，还是其他工业革命时期的经典产品，它们都告诉我们：好的设计不仅是外观优美，更是对用户需求的深刻理解和对功能的极致追求。

对于中国的年轻一代产品设计师和开发者，我想说的是：你们正处在一个最好的时代。中国的制造业、互联网产业正在飞速发展，全球市场对中国产品的期待也越来越高。但与此同时，竞争也愈发激烈。要想在这样的环境中脱颖而出，仅依靠技术或营销是不够的，关键在于如何定义产品，如何让产品真正满足用户的需求，甚至超越用户的期待。希望你们能够从这本书中汲取养分，同时也能从经典设计中获得启发，勇敢地探索和实践，成为推动中国产品设计行业发展的中坚力量。

最后，我要感谢作者为行业贡献了这样一本宝贵的书籍。相信本书会成为许多产品从业者的案头必备之书，也期待未来能看到更多来自中国的好产品走向世界，影响世界。

刘德
小米集团联合创始人、高级副总裁

前言

此时，我身处美国波士顿剑桥镇的一家酒店里。这家酒店是一座拥有 200 多年历史的全木质结构建筑，古朴且典雅。书桌旁的窗户上，恰巧安装着一台由我们团队为国内一家家电企业设计的窗式空调，看到它跨越重洋，出现在这里，心中满是欣慰。回想起 2023 年，我们团队还曾参与纽约市市政厅的窗式空调设计工作，虽然尚不清楚成品是否已投入使用，但那份成就感依然激荡在心头。

这次来到美国，是陪伴女儿参加她在麻省理工学院的夏令营。波士顿，这座充满顶级学府气息与社会精英活力的城市，给我留下了深刻的印象。这里的一切都显得那么井然有序，又充满活力。在麻省理工学院，我们体验了由微软公司与麻省理工学院媒体实验室于 2007 年携手打造的视觉体验装置，即便已过十几年，它依然让我们沉浸其中，深感科技与艺术完美结合的魅力。美国的设计与产品，始终与其科技发展保持同步，这种同步性在某种程度上推动了其设计的进步。

作为一名在德国留学并工作的设计师，我深受 Design Thinking（设计思维）的影响。从接触这一理念的那一刻起，我便深刻认识到正确的思考方式与分析方法对设计与产品的重要性。回国后，我一直致力于将设计理论与方法应用于实际项目中，与同事们共同探讨何为"正确"的设计，如何打动客户与用户。在近 20 年的职业生涯中，我逐渐领悟到设计是一门交叉融合的学科，它要求设计师具备人文、技术、艺术、经济、社会等多方面的知识素养。同时，在复杂多变的市场环境中，坚忍的意志与周旋于甲方和制造业之间的能力也显得尤为重要。

在不断实践与总结中，我逐渐形成了"定义"理论的雏形，并经过几年的完善，构建出了一套产品定义的框架思路与执行方法。这套方法涵盖了以塑品为初衷的使命感、以用户为中心的共情能力、多元融合的创新路径、洞察事物的平行思维，以及编织故事的导演能力等核心内容。同时，围绕这些内容，我们还开发了一系列场景综合策略、产品辨识策略、平行品牌策略以及差异化策略等方法和工具。这些成果在过去的十几年里对我和团队产生了深远的影响，也潜移默化地影响了我们的客户。通过定义成功的产品，我们取得了丰硕的成果。

产品的世界纷繁复杂，我们每个人都身处其中。面对一栋雄伟的建筑，我们会为之震撼；而面对一台微波炉，我们却往往无动于衷。然而，在我眼中，每一台微波炉都是桌上的"建筑"，它们拥有内在与外在之美，每天默默地陪伴着我们。微波炉的诞生凝聚了产品设计师、结构工程师和产品经理的心血与智慧。

遗憾的是，产品的产生过程往往被忽视。我们生活中的千千万万产品就这样"理所应当"地存在着，而产品从业者们的辛勤付出也往往被视作理所当然，一件事物最大的悲哀莫过于连"被评价"的机会都没有。当前，传统的产品设计服务行业面临着巨大的挑战。一方面，许多产品设计师过于侧重产品造型，忽视了综合能力的提升；另一方面，品牌过分依赖营销和渠道，忽视了产品本身的质量与创新。

值得欣慰的是，一些产品设计公司开始转型并取得了不俗的成绩。这充分说明优秀的产品设计师本身就具备产品经理的潜质和能力，能够把控产品从无到有的全过程。在过去的十几年里，我所经营的德国 Kurz Kurz Design 一直致力于成为行业内的佼佼者。我们与众多优秀客户携手合作，共同定义了众多家喻户晓的产品。从一开始，我们就改变了传统设计公司的模式，以更加立体、全面的视角与客户探讨产品。从市场环境的变化到新技术的挖掘，从功能的定义到新材料的应用，从用户心理模型的构建到用户购买习惯的分析，从渠道差异化的构建到对市场推广的洞察，我们始终保持着全方位的关注与投入。

随着项目经验的不断积累，我逐渐意识到我们所从事的工作绝非简单的产品设计，而是对产品的一种深刻"定义"。近年来，我花费大量时间与企业家们深入交流，共同探讨如何通过产品实现他们的梦想与愿景。这让我更加深刻地感受到自己肩负的责任与使命。作为产品定义者，我致力于通过产品让这个世界变得更加美好；同时，我也希望成为产品定义理论的传播者，推动未来的产品人以正确的方法和观念去定义产品，从而创造出更多伟大的产品。

2024 年 7 月
于波士顿

目录

第一部分 "产品定义"的定义

第一章 一把椅子引发的思考

什么是产品定义	006
超级对抗	008
为什么要进行产品定义？	020
从"定位"到"定义"	028

第二章 产品定义的用户视角

恰到好处的设计	040
抓重点做减法	050
存在而不打扰	054
体验驱动	058

第二部分　　产品定义观

第三章　　品·相

从"造货"到"塑品"　　070

从技术至上到技艺相融　　073

"高端"向往　　080

产品为人　　086

第四章　　创新基因

NEW　　094

创新的温床　　100

多元融合　　108

收藏的意义　　112

点子银行与工坊　　122

第五章　保持共情

文化共情　　　　　　　　　　　130

理性的克制　　　　　　　　　　136

"不插电"设计　　　　　　　　　144

威能的微笑　　　　　　　　　　148

接纳10%的不一致　　　　　　　152

第六章　世界已然垂直，我们需要平行

跳出枷锁　　　　　　　　　　　158

平行品牌　　　　　　　　　　　162

平行世界中寻求增长　　　　　　168

建立属于自己的平行品牌库　　　180

第七章　从分析到综合的场景化表达

"无"中生"有"　　　　　　　　　　　　　184

置身于世界　　　　　　　　　　　　　　190

"综合"构建系统思维　　　　　　　　　　192

第八章　SO,DO!

会说话的产品　　　　　　　　　　　　　208

故事涌现　　　　　　　　　　　　　　　212

SO,DO闭环，最恰当的过滤器　　　　　　218

结语　致产品定义者——
　　　　互联网时代勇敢地发声

第一部分

"产品定义"的定义

第一章　一把椅子引发的思考　　　　第二章　产品定义的用户视角

什么是产品定义　　　　　　　　　　恰到好处的设计

超级对抗　　　　　　　　　　　　　抓重点做减法

为什么要进行产品定义？　　　　　　存在而不打扰

从"定位"到"定义"　　　　　　　　体验驱动

01

第一章
一把椅子引发的思考

2022年6月10日清晨，阳光洒在家附近的球场上，我正专注地练球。突然，工作微信群的消息提示音响起，打破了这份宁静。我点开查看，一张甲方老板与产品经理的对话截图映入眼帘，上面赫然写着："都不好看，颜值！一定要有颜值！你们没有抓住女性用户的心！"

这位男老板显然自认为对女性用户的审美有着独到的见解。当时，我们团队受邀为女性用户设计一款化妆椅，项目交由我所在的深圳团队负责。正值第一次草图汇报阶段，我们并未在外观效果上过分强调，而是着重展示了一些针对女性化妆时功能上的巧妙设计。当然，最后我们也提出了几个"象形""仿生"的设计思路。

然而，正如故事开篇所预示的那样，令人担忧的事情还是发生了。甲方老板似乎无法理解我们这种较为含蓄的表达方式。重新审视我们的方案，我也不免感到了一丝不安。这时，JOE 私信问我："熊总，你觉得方案怎么样？"

我沉吟片刻，回复道："稍晚点儿，我到公司后咱们电话详聊吧。"

我尝试深呼吸，试图平复内心的波澜，但练球的兴致已然消失殆尽。于是，我收起球杆，驱车前往公司。刚一上车，我便拨通了岳龙的电话，与他分享了对项目的担忧，并深入交流了"如何做正确的产品定义"这一话题。

正是这件事，促使我下定决心撰写这本书。因为我发现，不仅许多客户对产品定义的概念存在误解，就连我们团队的成员也对此认识不深。

回想起第一次深入讨论产品定义的话题，已然过去了七个年头。这七年里，我们时而分析优秀的产品案例，时而碰撞出新的思想火花。令人欣慰的是，当产品定义的思维方式逐渐成为我们的工作习惯后，项目进展变得更加顺畅，许多难题都迎刃而解。而且，通过项目实践总结出的产品定义观点，不断推动新项目顺利落地。同时，不断积累的项目经验又进一步丰富了产品定义的理论内涵。我们边实践边思考，努力将产品定义的概念从众多优秀案例中提炼出来，构建成结构化的理论体系，以期让更多人直观地理解什么是产品定义，以及我们为何如此迫切需要它，这是一项刻不容缓的重要使命！

什么是产品定义

产品定义,这一词汇看似简单,实则蕴含深邃的内涵。要真正理解它,需要从纷繁复杂的具体事物中抽取出普遍的规律,再以通俗易懂的语言将这些理性的思考传递给每一位读者。

首先,让我们深入探讨"产品"这一概念。在当今的语境下,"产品"主要涵盖两大领域:一是软件或互联网产品,二是硬件及实体消费品。本书将着重聚焦于后者,即我们日常生活中触手可及的实物产品和消费品。我们生活在一个物质极为丰富的时代,每时每刻都被各式各样的产品所环绕,从衣食到住行,无所不包。新产品的种类和品牌层出不穷,这既是物质财富极为丰盈的体现,也是社会创新与进步的见证。

面对琳琅满目的产品,我们是否曾静下心来思考过,何为真正优质的产品?又该如何进行挑选?作为设计师,我们应如何精准地定义产品呢?在凯迪拉克新品电动车锐歌的发布会上,我曾提出这样一个观点:设计,或者更

确切地说，产品定义的核心，在于解决用户的生活难题，实现产品的基本功能并超越期望。一个出色的产品，应该既能够成为博物馆中的珍藏，又能够无缝融入我们的日常生活，成为不可或缺的一部分。设计需要在时间和空间两个维度上保持前瞻性与传承性，既要回顾历史经典，汲取其精髓，又要在此基础上勇于创新，满足现代生活的多元化需求。在全球化日益加深的今天，我们更应放眼世界，推动设计艺术的交流与融合，共同促进设计的进步与发展。

简言之，优秀的产品定义首先要确保产品的实用性与易用性，并紧跟时代步伐，以创新的设计应对不断涌现的新需求。从商业角度来看，好的产品应能让甲方深刻领悟设计的独到之处，认识到设计在提升产品功能、优化成本结构，以及增强消费者品牌认同感方面的巨大价值。同时，产品定义也应触动用户的心弦，清晰展现产品能为他们带来的实际利益与情感共鸣。设计师在定义产品时，需要经历一个从具体到抽象，再从抽象回归具体的过程，这也是我们构建 SODO 理念的基石所在，后续章节将对此进行更为详尽的阐述。

产品定义不仅是商业征程的起点，更是产品故事、使用场景与功能体验的完美融合，其本质在于将卓越的产品功能与当代用户的深层次需求精准对接，从而推动商业战略与品牌定位的持续升级与迭代。对于小公司而言，通过精准的产品定义可以打造出独具特色的爆款产品，实现小而美的市场定位与差异化竞争。而对于大公司来说，持续的产品定义则能构建出满足多元市场与用户需求的产品矩阵，同时强化品牌的产品辨识度与影响力。

接下来，我们将通过一系列优秀的产品案例来进一步诠释什么是好产品、什么是卓越的产品定义，以及如何进行科学有效的产品定义，探讨产品定义如何完美解决生活痛点，满足用户的深层次需求与期待。

超级对抗

在过去的20多年间，从孩童到成人，拥有一双Nike鞋成为许多人的梦想或追求。Nike在运动鞋市场的霸主地位，很大程度上得益于1987年其创新推出的"Air Max"技术，即广为人知的"气垫"。谈及Nike的"Air Max"技术，我们难以用言语精确描绘其外观，因为从1987年至2021年，每一代Air Max的气垫形态都各具特色，若真要寻找共通之处，那或许就是"透明的、充满气体的垫子"。这表明，Air Max的产品一致性并非源自外观，而是源自其独树一帜的功能。

消费者普遍认知，Nike的运动鞋因采用了"Air Max"技术，故能提供更为出色的减震效果。随后，Nike成功地将"Air Max"技术拓展应用到篮球鞋、网球鞋等多个产品线。或许Nike公司当初并未意识到"Air Max"技术对其产品的重要性，但这项技术确实为公司带来了持久且巨大的商业利益。

Nike的"Air Max"技术，由美国太空总署（NASA）的前工程师弗兰克·鲁迪（Marion Franklin Rudy）在20世纪70年代末研发成功。作为Nike减震技术的核心，其通过向强韧且富有弹性的薄膜中注入压缩空气，实现了轻盈且高效的减震效果。当气垫受到冲击时，它会压缩气体并迅速恢复原状，为应对下一次冲击做好准备。这项技术不仅有效解决了运动中的减震问题，更赢得了Nike创始人菲尔·奈特（Phil Knight）的鼎力支持。凭借"Air Max"技术，Nike公司逐渐崛起，其产品成为高性能运动鞋的典范，并最终奠定了全球运动品牌的领军地位。自1987年至今，"Air Max"技术持续得到优化与迭代。

除了减震功能，"Air Max"技术还为用户带来了全新的生活方式。穿

弗兰克·鲁迪（Marion Franklin Rudy）

左上：1987，Air Max 1　　右上：1990，Air Max 90
左中：1991，Air Max 180　右中：1993，Air Max 93
左下：1995，Air Max 95　　右下：1997，Air Max 97

010　第一章　一把椅子引发的思考

左上：1998，Air Max Plus　　右上：2006，Air Max 360
左中：2015，Air Max 2015　　右中：2017，Air Vapor Max
左下：2018，Air Max 270　　右下：2019，Air Max 720

011

Nike "Air Max" 技术展示

着"气垫鞋",不仅是对科技的一种致敬,更象征着一种热爱科技生活的态度。而且气垫的透明特性为 Nike 鞋增添了一抹"悬浮感",这种视觉效果也是其酷炫外观的重要构成元素。

历经 30 年的发展,"Air Max"技术以其多元化的设计表达延续了其成功,并成为 Nike 品牌最为显著的标志之一,在 Nike 的多个产品系列中,它都占据着举足轻重的地位。2006 年,Nike 全球销售额高达 160 亿美元,远超 Adidas 的 100 亿美元,成为全球无可争议的运动品牌霸主。

为与 Nike 抗衡,Adidas 耗费整整 10 年,在全球范围内寻求合作,共同研发新产品。然而,直至一种新型材料的问世,局势才发生了逆转。2007 年,德国著名化工企业 BASF 推出了一款名为 Infinergy® 的新型泡沫塑料,俗称"爆米花"。

Infinergy® 泡沫塑料

终于，在 2013 年，Adidas 与 BASF 携手研发出了"Energy Boost"，这是一款具备独特弹性和减震性能的全新跑鞋。其鞋底由一粒粒泡沫颗粒构成，脚感相较于"Air Max"技术的气垫更为弹软，为用户带来了一种被戏称为"踩屎感"的独特体验。这种材料的高回弹效果为跑步者提供了其他跑鞋难以匹敌的能量返还特性。当压缩冲力减弱后，泡沫能迅速恢复原状，其结果是鞋底能够吸收跑步者的能量，并几乎立即回馈给脚部。这种"软"的感受部分源自泡沫颗粒的形变，以及力和形变在泡沫颗粒之间的传递。Adidas 强调的功能卖点是：Energy Boost 能为你带来前所未有的运动缓冲体验，其原理在于力的"释放"而非"对抗"。

Adidas 巧妙地运用了这种材料的特性，通过调整其属性使运动鞋达到预期的减震效果。更值得一提的是，Adidas 试图阐明"Air Max"技术的气垫，在减震瞬间可能对人的膝盖造成压力。因为当身体对气垫施压时，气垫发生形变会对身体产生反作用力，这种反作用力可能对运动者的膝盖造成损伤。而 Energy Boost 的特性在于，当人往下踩时，力量会通过泡沫颗粒的形变在每一个颗粒之间传递并最终向下释放和分散，没有瞬间的向上回弹力。当抬起脚后，所有的颗粒又恢复到原始状态，等待下一个动作的到来。自上市以来，Energy Boost 凭借其卓越的脚感赢得了大批挑剔的粉丝，而 Energy Boost 科技也顺理成章地成为 Adidas 最核心的技术和最重要的功能标识。同时，泡沫颗粒带来的特殊"肌理感"也让 Energy Boost 具备了同样炫酷的外观辨识度。我认为这一点足以与 Nike 的"Air Max"技术相媲美。

在撰写这个章节时，我恰巧购买了 Adidas 的新一代产品——3D 打印运动鞋。这款产品也采用了相似的设计思路，以实现良好的减震脚感。这一波创新由 Adidas 率先推出，具体效果如何，让我们拭目以待。

Adidas "Energy Boost" 运动鞋

Adidas 3D 打印运动鞋

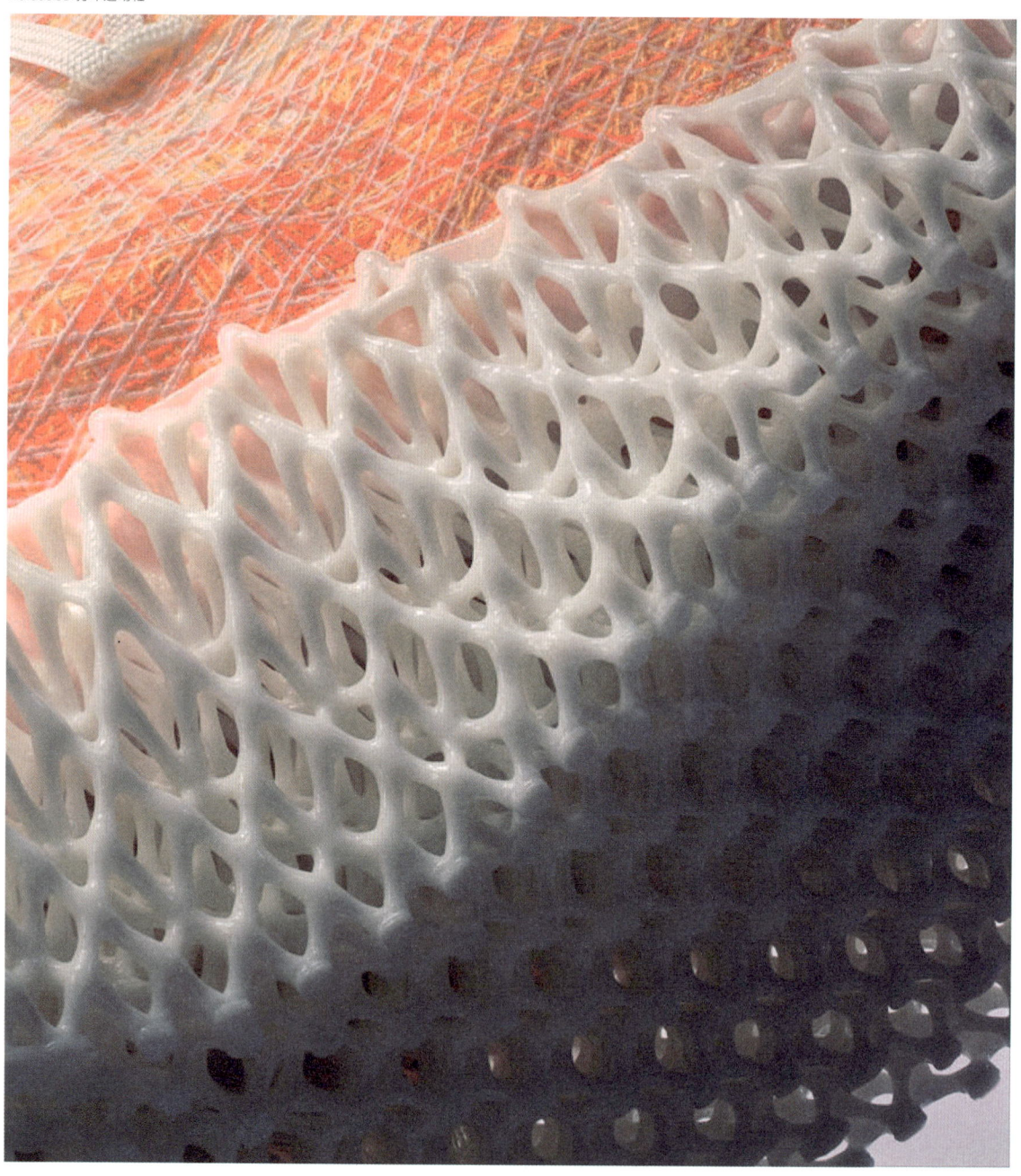

在过去的 20 年里，我们深入研究了全球众多优秀产品的设计与研发过程，发现了它们成功的共性：这些出色的产品都通过不同的切入点创造了属于自己的"产品定义"。例如，Nike 的 Air Max 和 Adidas 的 Energy Boost，巴慕达风扇的"果岭风"，大众的 Autohold，它们在产品发展的历史长河中都取得了举世瞩目的成功。这些成功或许带有偶然性，但经过我们团队的反复研究与探讨，总结出了一系列关于"成功产品定义"的规律与方法。我们坚信，只有通过正确的产品定义，企业和品牌才能获得用户与产品的双重认可，从而走向成功。作为产品设计公司，为客户提供正确的产品定义方向，才能确保产品成功落地，避免陷入单纯追求"好看"和"风格"的误区。

正确进行产品定义是一个需要系统思考的过程。之前 JOE 的团队在汇报中仅展示了一个从具体到具体的过程，例如，心形座椅靠背的设计方案。设计师可能片面地认为"爱心"造型能够打动消费者，但实际上不同的人会有不同的看法。有些人可能觉得这个造型"幼稚"，有些人可能觉得"不够酷"，还有些人会担忧"如果这是颗'爱心'，脏了怎么办？"因此，当设计师有一个具体的想法时，需要冷静分析并从中提炼出能够引发共鸣的"情绪"和"故事"。我经常告诫团队的小伙伴，设计师的想象力不应该仅停留在静止的画面中。当我们确信自己的产品故事能够触动人心时，即可着手进行产品定义了。

大众的"AUTO HOLD"功能

巴慕达风扇的"果岭风"

为什么要进行产品定义？

今天的中国已然是制造业巨头，但众多企业却陷入了重"造货"轻"塑品"的惯性思维。尽管不少企业家和产品经理在研发产品时，会隐约触及"产品定义"的思维，但更多是借鉴他人的产品，鲜少有人从源头出发去探寻产品定义的真正内涵。

回顾 2007 年，产品世界的焦点无疑是史蒂夫·乔布斯（Steve Jobs）推出的 iPhone。这款起初仅在美国销售的手机，在当时我所在的德国，使用起来相当不便，需要"越狱"，因此用户寥寥。但作为一名电子产品爱好者，我特地托朋友从美国带来一部。

我清楚记得，在 iPhone 正式登陆德国前几周的一天，我太太的期末课程作业汇报课上，有一位德国教授展示了一款迷你手电筒，这是全球知名的 LED 手电筒品牌的产品。他赞不绝口地讲述其精湛的工艺与设计。然而，他可能并不了解，这个令他赞叹不已的设计，其实出自我的一位中国同学之手。

期间，这位教授注意到了我手中的 iPhone，他轻描淡写地问："这是 iPhone，还是中国的 iPhone？"我毫不犹豫地回答："因为目前 iPhone 在德国还没有正式上市，这部 iPhone 是我托朋友从美国帮忙购买的，在德国使用需要破解，确实有些麻烦。"我顺势提及他的手电筒其实是由我的一位中国同学设计的，以此转移了话题。

他自信满满地说："是吗？这可是德国品牌的产品。"我淡定回应："没错，Zweibrüder Ledlenser，公司总部在德国的索林根，我经常去。而且，那里唯一的工业设计师是我的好朋友，他来自中国。"我并非刻意炫耀中国设计师的实力，但德国教授的言外之意却让我略感不悦。

iPhone

iPod 系列产品

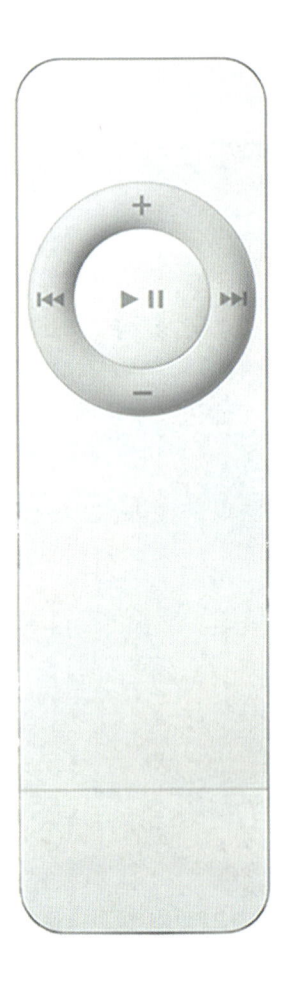

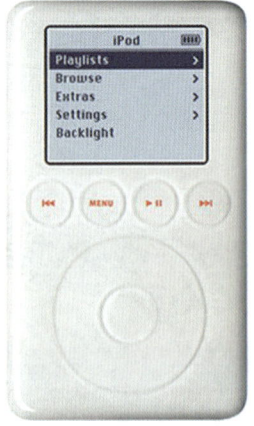

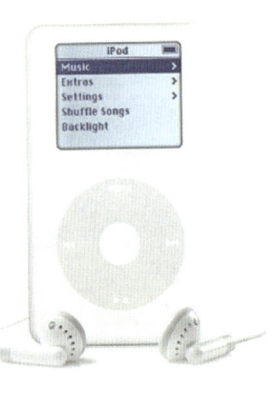

中国制造业经历了从追赶到并驾齐驱再到领先的过程，这一过程在中国巨大的市场规模下被极度压缩，这带来的最大问题就是拿来主义。我们并不否认拿来主义在一定时期内提升了生产效率，但其负面效应也显而易见——它极大地阻碍了我们的创新能力，成为我们进行产品定义的最大障碍。

优秀的产品定义往往具有颠覆性。Nike 创始人菲尔·奈特（Phil Knight）宣称："地球上没有竞争对手"，他们凭借"Air Max"技术和全领域的布局，以及顶级运动代言人的加持，成功占据了消费者心中不可撼动的地位；乔布斯熟谙大拇指和圆型运动的科技产品天才，引领苹果公司始终占据优秀产品的前列；而埃隆·里夫·马斯克（Elon Reeve Musk）则以他将人类变成跨星际生存物种的宏伟梦想，撬动了整个商业、科技与产品的时代新格局，成为企业家们心中的超级英雄。

回国后，我接触了许多实力雄厚的中国企业家。他们怀揣着成为下一个乔布斯或马斯克的梦想，但鲜少有人去深入研究苹果和特斯拉成功的本质。他们站在追梦的旷野中，迷茫且惆怅，因为他们始终未能定义能够承载自己梦想的产品。

在中国，我们首先需要明确"何为创新"。一方面，我们追求的可能是应用场景的创新。例如，戴森将涡轮技术应用于吹风机，虽然其未发明吹风机本身，但这种在全新场景下的应用对于产品所在领域而言已然是一种绝对的创新。中国确实经历了模仿的阶段，但如今像大疆、华为这样的企业已经创造出令人瞩目的产品。我曾亲眼看到华为问界 M9 的点阵式尾灯呈现的"喜"字图案，显然是刚参加完婚礼的创意场景应用，这种面向本土文化的创新既有趣又珍贵。

戴森吹风机

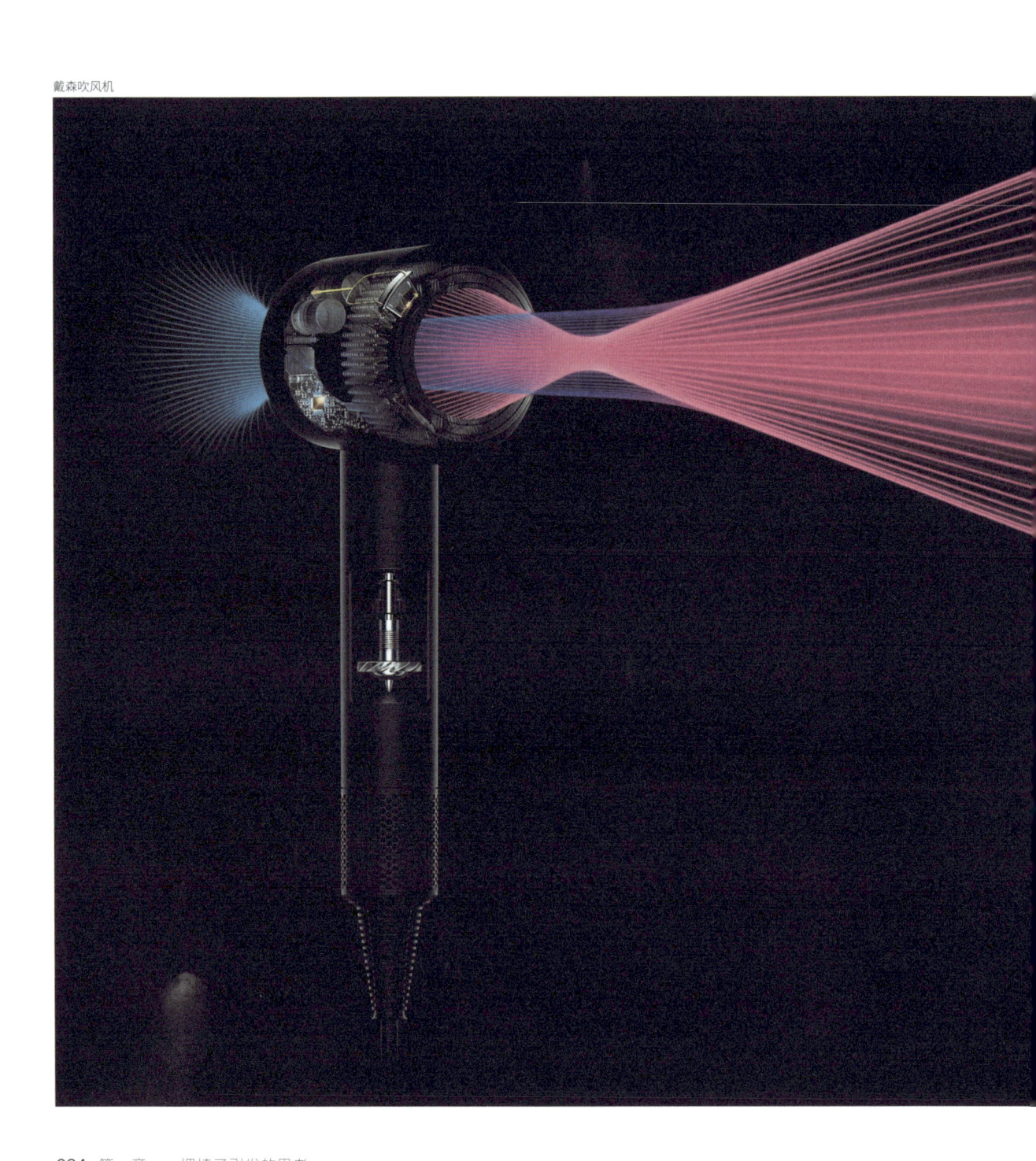

华为问界 M9

另一方面，创新需要有节奏地进行。有人认为创新必须像爱因斯坦的相对论或牛顿的万有引力那样具有划时代意义，然而，产品的创新是有梯度的，包括体验的创新和功能的创新。一个全新的产品定义并不仅依赖于外观的创新，因为这样的竞争门槛相对较低。在产品定义的大范畴下理解创新，它指的是一种全新的产品感受和体验，或者是对产品功能和体验的重新组合。这些才是产品定义过程中创新的重点。我们不必追求巨大的迭代或发明，而是可以通过重组的方式来实现"创新"。例如，中国电动车的出色表现带来了前所未有的体验，如比亚迪汽车的屏幕可以旋转90°，从横屏变为竖屏，这一功能在导航时提供了极佳的使用体验，而传统的欧洲汽车的屏幕设计则相对固定。比亚迪通过颠覆传统屏幕的使用方式，在特定场景下提供了出色的使用体验。这样的创新并不需要高技术门槛就能为用户带来全新的产品体验。

此外，在许多企业中，领导中心决策的模式存在明显弊端。我希望产品定义的思考方式能够成为未来企业解决这一问题的有效方法，实现集体智慧决策。如今，一个公司最终的产品创新及成功，往往取决于决策人的认知、阅历、心态及接纳他人建议的程度。当然，有些领导是强人，他们勤奋思考产品，并可能因此取得一些好成绩，但这样的模式终究存在局限性。一个产品要取得商业上的成功，需要综合考虑主观、客观等多方面因素。无论是产品经理还是企业老板，单一的决策视角都具有狭隘性，需要综合的外部智慧共同参与其中。产品定义的过程也是一个科学的综合的呈现过程，会涉及多个维度，需要集思广益，分析竞品、用户心智、PI（产品辨识度）构成、工作方法及流程等要素。将产品定义的流程确立为企业开发产品的固定环节，可以有效避免狭隘决策带来的不良后果。

比亚迪汽车的旋转中控屏幕

从"定位"到"定义"

时代发展，赛道更迭，商业环境早已悄然生变，企业、企业家以及新生代消费者的观念和行为都在发生巨大转变。然而，仍有不少企业一味套用他人的成功产品定义，妄图成为"后继的成功者"。诚然，大企业凭借规模效应和供应链优势能够获取既得利益，但创业者若如法炮制，往往难有善终，甚至可能连让产品被消费者发现的机会都没有。也有许多企业试图通过改变商业模式、品牌定位来谋求发展，但结果却难有实质性改变。追根溯源，问题在于缺乏有竞争力的产品。

在过去 20 年里，营销学曾是每位 CEO 的必修课，几乎所有 MBA/EMBA 课程都会大量植入营销内容，但近年来其热度却逐渐降低。企业正从"营销导向"向"产品导向"转变，定位也从推崇宏观管理逐渐聚焦到产品上。传统企业家凭借管理学知识和经验运营公司，这些创始人或 CEO 大多接受过 EMBA 教育和各种营销理论的熏陶，会将大量精力放在品牌核心价值、品牌定位上，部分企业也会注重商业模式的构建。然而，这类企业未必能在激烈的市场竞争中长久立足。最终问题往往还是出在产品上，要么产品缺乏持续创新能力，面对竞争无法迭代升级；要么产品功能缺失、体验糟糕，导致品牌迅速失去用户忠诚度和口碑。

定义需务实，定位应务虚，要做好品牌，虚实皆要兼顾。定位是指锚定品牌在用户心智中的独特形象。广义的品牌，如 Nike airmax 系列，其 airmax 气垫具有良好的减震效果，能为运动增添更多动力，以此在用户心智中占据一席之地。定位取得成功，大多是因为产品在定位之前就已非常出色，务实工作做得好，产品站得住脚。最典型的例子如百年美食涮肉、卤煮、豆汁，街坊邻居品尝了几十年甚至上百年，只是未进行广泛推广和商标注册。定位的厉害之处在于能为百年老店和好产品调整战略方向，比如将其冠以"中华老字号"之名。

涮肉本身品质优良，进行品牌定位后更名为"南门涮肉"，并在多个方面进行用户锚定，如使用景泰蓝小铜锅，一人一锅，比其他涮肉更精致独特，这种做法就是抢占用户心智的品牌定位。另外两个典型案例是"中国李宁"和"陶陶居"。"李宁"在 2018 年进行品牌重塑，将"中国李宁"作为高端产品线，并以此为契机全面提升了产品的设计感和品质。"中国李宁"这一举措是一种定位思路，"李宁"与 Adidas、Nike 在鞋履服饰品类上并无太大差异，区别在于 Adidas、Nike 具有国外品牌优势和超级体育明星加持。而"李宁"经过品牌定位后，通过"爱国"情感锚定目标用户，将品牌塑造为"中国李宁"，让消费者穿着"中国李宁"产品时成就了一种民族自信。倘若定位后的"中国李宁"产品质量不佳，那也是徒劳无功的。李宁在运动产品品质把控和设计方面积累了多年经验，为"中国李宁"的发展提供了有力支撑。

又如人们去广州旅游，都会品尝陶陶居的美食，因为"陶陶居"三个字是康有为所题。陶陶居进行品牌定位后，将其定义为广府概念，仿佛来广州不吃陶陶居就等于没来广州。这种"城市名片"的打法也是品牌定位的高明之处。凡是去陶陶居吃过饭的人，无不交口称赞。归根结底还是产品出色，这家起源于 1880 年的饭店确实有许多拿手好菜。

反观年轻的创新型公司，尤其是新兴科技公司，必须具备核心产品定义能力。它们应更注重产品的核心体验和功能塑造，从而拥有后期"可营销"的资本。此外，一些众筹平台能够将更多新颖的产品定义快速呈现给

陶陶居店面

用户。在新概念推出后，可以迅速征集用户意见领袖的观点和需求，及时纠错，同时能在投产前募集资金。类似的新方式助力越来越多的产品人和品牌取得成功，这一过程最本质的变化在于新商业模式下产品定义成为新商业的起点。

与此同时，电商、短视频、直播带货、互联网技术以及设计成本降低和供应链成熟等诸多因素，共同促成了新消费时代的诞生。开发产品和塑造品牌都进入了快车道，品牌或产品的生命周期变得极为短暂。我们发现，市场上具有强大生命力的品牌仍被老牌企业占据，这当然有头部效应和资源垄断的因素，但数以十万计的品牌存活概率不高，还有一个原因是它们的出发点错误：缺乏产品定义能力，或者其能力未得到充分发挥，盲目追求商业模式和增长逻辑，忽视产品本身，往往快速起步，也在短时间内快速迷失。

定位理论能帮助我们迅速找到产品在用户心中的位置，但对于该位置在用户心中是否牢固，它所能提供的帮助有限。而且定位的成功常出现在产品属性复杂度较低的品类，如快消品、食品等，通过强调产品的某个单一属性就能以点带面，带动品牌甚至品类的崛起。然而，当我们面对复杂的产品开发项目时，并非简单找到用户心智定位就能解决问题。

02

第二章
产品定义的用户视角

之所以选择详尽阐述产品定义的概念,是因为这一理念对于很多人,特别是那些没有设计学科背景的企业家和产品经理而言,并不容易理解。在中国,许多产品设计师成功转型为产品经理,或者创立了自己的设计师品牌。他们的成功,很大程度上源于在长期的设计服务项目中,积累了丰富的产品定义经验,并亲眼见证了众多成功与失败的案例。

20 年来,我们积累了丰富的产品定义方法和实战经验,这些宝贵的经验对于我们更形象地描述产品定义的过程具有不可估量的价值,也确实能够帮助更多的品牌和企业家找到正确的产品方向。在这个快速发展的时代,我们更需要深入思考和总结产品定义的真正内涵,从而为企业和品牌的发展指明方向。

未来的设计必须坚持以人为本,需要一个综合考量产品定义与商业模式的框架。当企业委托我们负责某个项目时,我们的任务不仅是设计产品,更要将企业和品牌的愿景、产品的功能和形式、商业模式等整个链条进行整合设计。在产品定义的初始阶段，我们就要深入理解产品的商业模式，确保产品在到达用户手中时，不仅好用、耐用，更能激发用户对品牌的好感和信任感，进而促成用户对品牌产品的复购，这才是产品定义的全貌及其本质。

如果我们不综合考虑产品定义，整个链条就可能断裂。以博朗为例，这个品牌曾经拥有非常出色的设计师团队，对设计的把控远超今天的众多品牌。然而，面对当时的市场和用户，博朗的产品明显缺乏更合理、更均衡的产品定义观，"过度设计"可能就是导致品牌走向衰败的原因之一。

再看日本家居电器品牌巴慕达，其很多产品在相应的品类中都提供了"最佳体验"，如电风扇、露营灯、电饭煲等，都是设计和功能极佳的顶级产品。但是，从产品定义的角度和设计观来分析，巴慕达的产品并不具备完整的产品定义，因为它们只被极少一部分人欣赏和使用，产品天生缺乏一种"规模感"。这可能是因为产品被过度设计，过于程式化和风格化。

为了更具体地描述消费者对产品的评价，我们可以选择一个维度，比如审美。然而，"好看"并没有一个固定的标准，不同人对"好看"的理解也各不相同。这就像味觉一样，辣和甜很难用一个具体的标准来让大家达到一致的感受。面对产品，我们所期待的往往是能够引爆市场的"爆款"和获得"一致好评"的产品。因此，优秀的产品定义不仅需要从用户视角出发，更要充分了解目标用户的认知边界和消费习惯，这样才能确保产品既符合市场需求，又能赢得用户的喜爱和信赖。

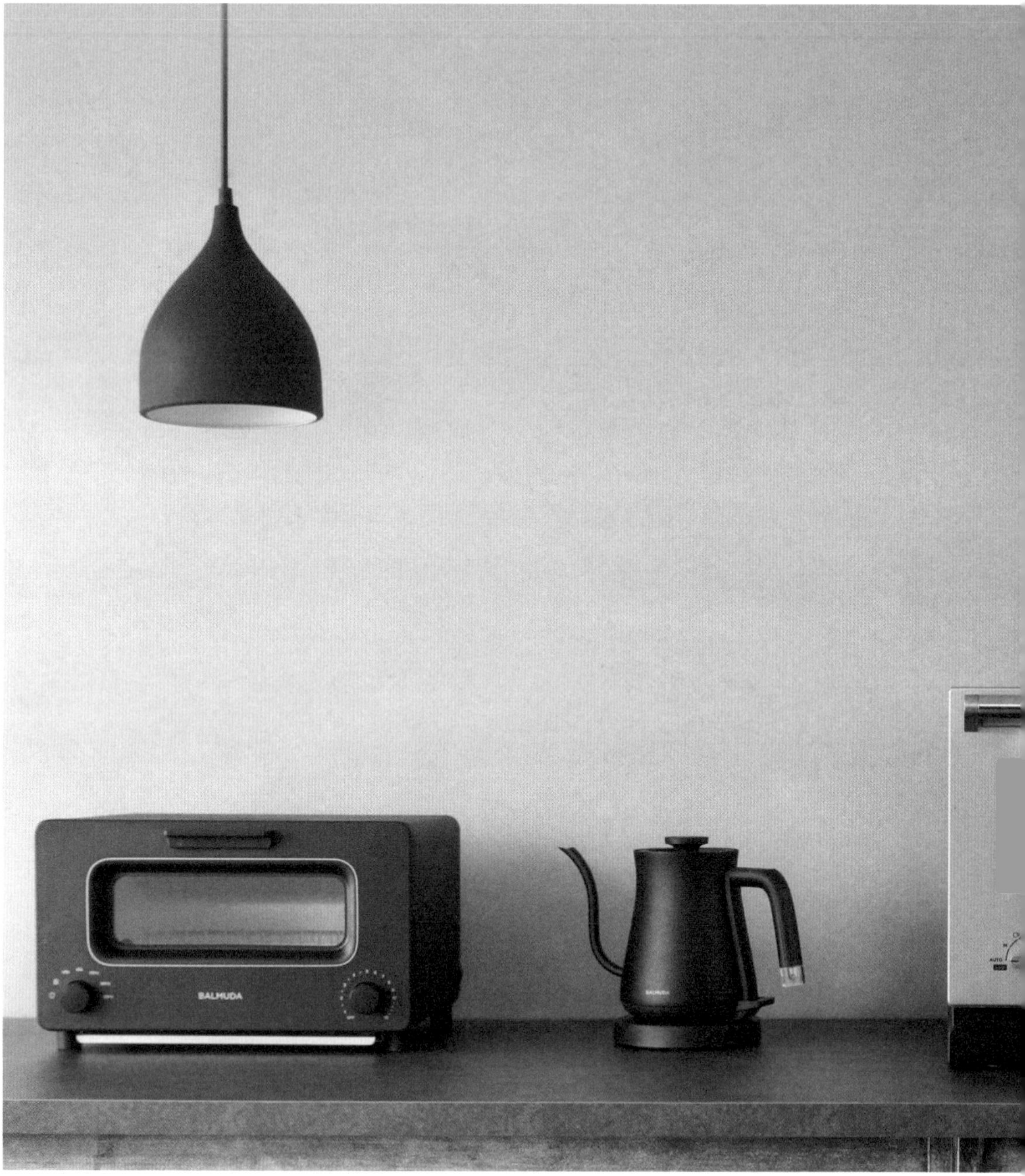
BALMUDA

巴慕达的产品

BRAUN
1921-至今

BRAUN，德国设计的代名词。

70多年来，博朗造就了一批拥有博朗简洁利落质量、美感和一致性的产品。

迪特·拉姆斯（Dieter Rams）"Less but better"的设计哲学，为工业设计带来巨大的影响力。前苹果首席设计师Jonathan Ive表示从拉姆斯的设计中获取了自大的灵感，奠定苹果的产品如Mac, iPod, iPhone等。

Braun stands for German design.

For more than 70 years, Braun has produced products of museum-quality, beauty, and consistency by incorporating Dieter Rams' "Less but better" design philosophy. Braun's influence on industrial design is invaluable. Jonathan Ive, the former chief designer of Apple who was responsible for Mac, iPod, iPhone, etc, of «Apple», also said that he got great inspiration from Rams' design.

作者私人博物馆中出自博朗公司的藏品

作者私人博物馆中出自博朗公司的藏品

BRAUN
1921-至今

BRAUN,德国百年时代名凡。

70多年末，博朗蹬装了一丝拥有赞物性直的形象，具感化一致性的产品。

迪特·拉姆斯 (Dietrich Rams) "Less but better" 的设计哲学，为工业设计导来了无比深远的影响，苹果设计师lvoe等nathane等世界从位的顶级设计师承袭了莫大的灵感。最富有响的产品是Mac、iPad、iPhone等。

Braun stands for German design.

For more than 70 years, Braun has produced products of unparalleled quality, beauty and consistency. Its company design Dieter Rams' "Less but better" design philosophy, Braun's influence on industrial design is incalculable. Jonathan Ive, the former serial designer of Apple, who was responsible for iMac, iPod, iPhone, etc. of «Apple» also had his the great inspirations from Rams' design.

作者私人博物馆中出自博朗公司的藏品

恰到好处的设计

产品的各个维度宛如一个生长着无数触手的生命体，每个触手都代表着产品的一个特性或功能。然而，当某个触手过于突出，破坏了产品本身的平衡，它就会变得显眼甚至突兀。以"好看"为例，有些物品被设计得过分美观，其审美情趣突破了大众标准，在审美维度上超出了大部分人的认知范畴，使人们难以领略其美之所在。这就像某些画家的作品，或许在他们去世后50年才被世人所认可，但我们的产品却无法等待如此漫长的时间来获得市场的肯定。一个优秀的产品，应当能够及时被当下的消费者所认可和使用。产品并非艺术品，它的核心使命是解决生活中的痛点，满足用户的需求。

在分享我们的案例之前，不得不提及一个伟大的品牌——"苹果"。苹果以其颠覆性的创造力改变了世界。有人对于第一次拿到iMac时的情景仍然记忆犹新，那种全新的体验让人一时之间难以适应，甚至在寻找传统的主机。与普通的有主机、显示器的计算机相比，iMac并非一项全新的发明，其内部的CPU、内存、显卡等核心部件并未发生根本性的变革。然而，正是这种对产品定义的重新诠释，使iMac成为一种革命性的产品。尽管人类的设计思维尚未上升到科学或哲学的高度，但产品定义的能力无疑是人类思维的一大飞跃。它是对功能秩序进行重新整合的能力，这种设计思维在现代社会中显得尤为珍贵。

在如今这个时代，大多数产品已经趋近于设计的极限，基本的生活需求都已得到了满足。对于现代人来说，我们需要的是一种重新整合设计思维的能力。原研哉在《设计中的设计》一书中强调了"再设计"的概念，他认为设计师的工作不仅是进行实践设计，更重要的是为设计找到一个合适

iMac Pro 计算机内部部件

的定位，并对设计领域进行重新配置。设计并非单纯的技能，而是一种捕捉事物本质的感受能力和洞察能力，是对自身设计意识的深化和反思。通过为人们提供新的思考方式，设计使人们能够与产品进行沟通，从而对生活产生新的体会。

近几十年来，乔布斯被公认为一个用产品改变世界的人物。然而，他并没有发明全新的技术或产品，而是对现有产品和技术进行了重新整合。他把熟悉的东西当作未知的领域再度开发，从而赋予了产品新的创造性。智能手机iPhone的诞生就是一个典型的例子。我称其为"对人类大拇指的尊重"。因为乔布斯通过仔细研究发现，手机使用者可以通过大拇指完成所有的操作。这种设计思路与多年前施乐发明鼠标的理念不谋而合，都是基于对人类手指操作习惯的深入研究。计算机操作系统中的垃圾桶式回收站设计，也是源于对现实生活中垃圾桶的借鉴。我们的祖先在几千年前就提出了"触类旁通"的智慧，这正是指导我们处理问题的宝贵思想。因此，保持对生活、用户、产品的敏锐洞察力，从中抽象出形式、体验、功能等要素，对于做出优秀的产品具有极大的帮助。

几年前，我们设计了一款骨传导耳机，这项技术最初由摩托罗拉公司发明，其原理是通过人的颅骨传导声音。最初，骨传导技术主要供消防员使用。在火灾现场等嘈杂环境中，普通耳机会堵塞耳道，影响消防员通过声音判断环境状况。而骨传导技术则能让消防员在救援过程中既能听到受困者的呼救声，又能保持与同伴的通信联系，既避免了危险又确保了通信畅通，堪称一款"发明级"的实用产品。

随着骨传导产品成本的不断降低，它逐渐进入了民用市场，韶音（Shokz）公司率先将这项技术应用于运动耳机。运动场景与消防场景相似，人们在跑步、骑车等运动过程中佩戴普通耳机容易忽略周围环境的声音，从而带来安全隐患。此外，许多人的耳道不适合佩戴入耳式耳机，而骨传导技术则成为一个优秀的解决方案，因此，在运动人群中迅速风靡，吸引众多品牌加入竞争。

骨传导技术一度被视为高端技术，相关耳机产品售价昂贵，主要应用于助听器等领域。然而，韶音公司发现在没有任何产品推广的情况下，北美的许多卡车司机和其他特殊工种人群纷纷自发购买这种产品作为工作时的通信工具，呈现"人找货"的市场态势。基于这一现象，在与韶音公司展开合作后，我们决定从工业场景出发重新定义骨传导技术的应用，并寻找细分的应用场景。实际上，任何嘈杂且需要通信的环境中使用的耳机都适合采用骨传导技术。

我们锁定了两类刚需人群作为目标用户：第一类是卡车司机，他们的工作环境嘈杂且需要频繁与运输中心保持联系；第二类是车间工人，如金属加工冲压车间的工人，他们需要在保护听力的同时保持通信畅通。这两类人群的需求共同构成了工业骨传导耳机的典型应用场景。令人意外的是，我们为韶音公司全新定义的工业骨传导耳机 Opencomm 竟然也受到了许多游戏玩家的喜爱，成为他们组队游戏时的首选通信工具。此外值得一提的是，2024 年巴黎奥运会的工作人员也使用了这款耳机进行通信。

在 Opencomm 的产品定义过程中，最值得一提的创新点是我们在韶音公司上一代 Aeropex 耳机的基础上加入了独立的麦克风，并为其设计了可旋转收纳的结构。这一设计使 Opencomm 在保留优秀骨传导发声功能的同时优化了通话功能，提升了产品的专业性。可旋转的麦克风和醒目的控制按键成为产品的视觉亮点，既实用又美观。在整个产品定义过程中，我们没有试图改变韶音公司的设计 DNA，而是巧妙地融入了新的元素——"恰到好处的设计"。

工厂使用状态

驾驶使用状态

巴黎奥运会火炬传递使用状态

作为合格的产品定义者，必须对产品上的每一个细节都进行深思熟虑并给出合理的理由，以确保为用户提供流畅且直观的使用体验。在韶音的项目中，麦克风的收音位置是根据人体工学数据和声学工程师提供的参数标准精心设计的。麦克风可以轻松地向前旋转到脸颊位置，进行清晰通话，而在无须通话或收纳时则可以向后旋转，与后挂部分近乎平行，节省空间且不影响使用。当然，耳机的取用方式可以有多种选择，如折叠、缩短、拖曳、滑动或旋转等，但旋转方式在平衡通话和收纳两种状态方面表现得更为出色。

麦克风按键

宝马的"iDrive"中控按钮

在任何产品设计和使用场景中,我们都应致力于为用户打造减少操作间隔、最为简便的体验。许多产品都设有集中操作中心,例如宝马汽车的"iDrive"中控按钮,又如 Bosch 咖啡机的旋钮。若想选择咖啡种类,用户需先旋转旋钮至对应图标,再按下旋钮完成选择。

我们所添加的旋转麦克风,同样能让用户轻松选择工作状态——通话或收纳,其操作简便程度就如同在咖啡机上选择美式咖啡还是拿铁一般。与此同时,我们需精准确定控制按键的最佳位置,使其具备明确的集中功能指向性,以便用户便捷地控制麦克风的响应功能。综合考量所有使用需求和操作动作后,我们最终将控制按键设置在与麦克风旋转中心点完全对称的右手一侧,这一设计更符合大多数人习惯用右手操作的特点。当用户将手放在按键上时,能感觉到按键表面有一个内凹的设计,几乎无须特意寻找,仅凭下意识的感觉和触感就能轻松操作。

整个用户使用流程如下:佩戴耳机→向前旋转麦克风至舒适位置→用右手在对应位置按下按键开启通话→使用结束后向后旋转麦克风进行收纳→取下耳机,整个操作过程一气呵成。

Opencomm 骨传导耳机

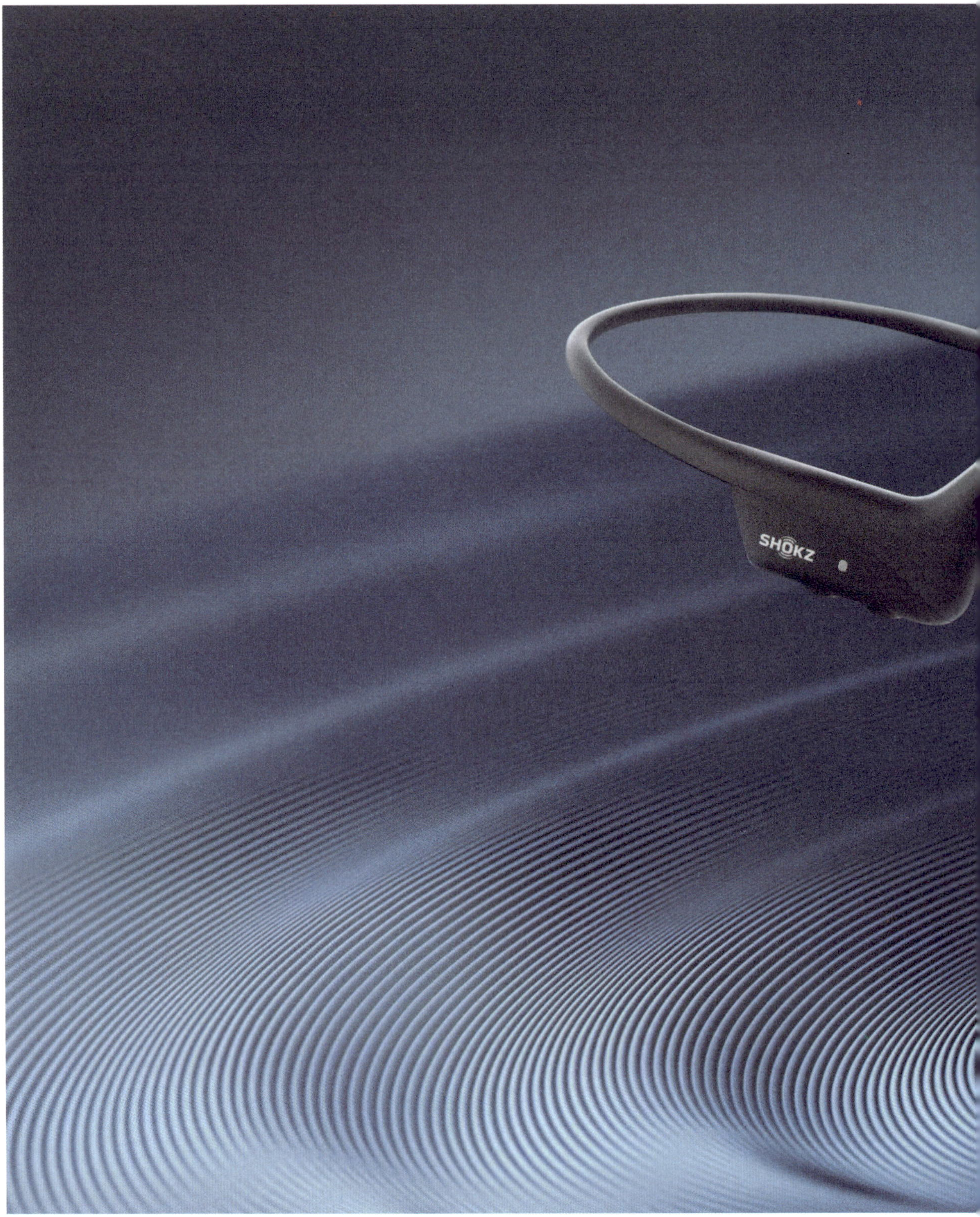
SHOKZ

Opencomm 骨传导耳机

抓重点做减法

我们从一项极具标杆意义的设计项目谈起，这个项目不仅对我们设计团队，更对我们的客户，具有深远的战略价值。在中国顶尖的互联网企业蓄势待发，准备进军家电市场的背景下，整个家电行业都弥漫着一种紧张的氛围。正是在这样的市场环境下，这个案例诞生了，其重要性不言而喻。

记得我们与甲方的初次会面是在公司那间充满现代气息的咖啡厅。甲方代表神色凝重地告诉我们："我们收到内部消息，某家互联网巨头即将进军空调行业。起初，他们曾考虑与我们合作，但双方在理念上存在明显分歧。互联网企业更看重用户数据和行为分析，而我们作为传统家电企业，则坚持通过空调产品本身来盈利。这种差异导致我们无法达成共识。现在，我们必须在他们之前推出一款引领市场潮流的爆款产品，以抢占市场先机。"

听完他的陈述，我沉思片刻后回应道："李总，我必须坦诚地告诉您，我之前并没有空调产品的设计经验。"他点了点头，眼神中闪过一丝坚定："我看过你们设计的热水器产品，它曾获得过美国 IDEA 金奖，这足以证明你们的设计实力。对于我们来说，虽然获奖重要，但更重要的是这款产品必须能够成为市场上的'爆款'。"

我自信地打断他："李总，请放心，我们团队设计的产品一直备受欢迎，基本都是'爆款'。"然而，他急切地回应："熊浩，你所说的'爆款'和我所期望的并不完全一样。我所指的是能够在单一平台上实现年销售额超过百亿元的'超级爆款'。"

在承接了这个项目后，我们团队迅速投入到产品定义的工作中。在前期阶段，我们深入市场，进行了大量的入户探访调研，累计访问了一两百个潜在用户。我们走进他们的家中，仔细观察房型布局和使用空调的场景。同时，我们还对不同地区、不同年龄、不同职业的用户进行了细致的分类调研分析。通过这些前期准备工作，我们逐渐找到了定义这款空调产品的关键切入点。

我们发现，在家庭中，购买空调的决策往往由女性成员做出。如果男性成员购买了空调且结果不尽如人意，女性成员往往会提出批评和抱怨。这一现象表明，在购买行为上，我们必须牢牢抓住女性用户这一关键群体。同时，我们还注意到，女性用户不仅负责购买决策，还承担着"管理"家庭空调的重任，包括空调的日常维护和清洁等工作。

鉴于这款空调的未来主要受众（购买决策者）是女性用户，我们决定在设计过程中充分考虑她们的需求和偏好。我们的目标是让她们在接触产品时能够迅速做出购买决策，并将产品带回家。为了实现这一目标，我们进一步采访了众多女性用户，深入了解她们对空调的关注点和侧重点。例如，我们发现许多亚洲女性对空调的风感非常敏感，担心被空调风吹而导致着凉、过敏等问题。此外，她们还特别关注空气的清洁度。

在北方地区，由于冬季有暖气供应，空调的使用时间相对较短，可能仅限于夏季的三四个月。然而，长时间不使用的空调在夏季突然开启时，往往会吹出大量的灰尘并散发异味。这些灰尘和异味不仅影响室内空气质量，还可能对用户的健康造成威胁。我们决定针对这一痛点，通过设计解决用户在使用空调过程中可能遇到的空气质量问题。

基于前面的分析和研究，我们为这款壁挂空调设计了一种使用极其方便的抽拉式滤网。在夏季来临之际，用户无须聘请专业人员上门清洗空调，只需轻松抽出滤网，进行冲洗并晾干，然后再将滤网塞回原位，即可完成整个清洁工作。这种设计不仅省去了烦琐的空调售后维护流程，还为用户带来了更加便捷和高效的清洁体验。

这款带有抽拉式滤网的空调成功解决了用户的痛点。我们将产品功能和用户体验紧密结合，通过创新的设计方案为用户带来了更加舒适和健康的空调使用环境。前置式抽拉滤网的设计成为壁挂式空调领域的一个里程碑式的创新解决方案。在整个设计过程中，我们始终聚焦于解决用户核心使用痛点和构建核心场景，而没有过多地关注空调的外观设计。当我们成功解决了这些使用痛点后，简洁、纯净而时尚的产品外观也逐渐浮现在我们的脑海中。"初白"这个名字恰如其分地表达了我们对这款产品的期许和定位，它仿佛是一股清新的微风，为用户带来洁净和凉爽的享受。

抽拉式滤网

存在而不打扰

让我们继续深入探讨空调这个话题。试想，如果人们居住在昆明、香格里拉等四季如春的地方，使用空调是否还显得那么必要吗？空调的存在，归根结底，是人类为了应对恶劣天气、创造更舒适生活环境的智慧结晶。在自然界原本的运行规律中，空调无疑是一种附加品。有了这种平和而理性的认识，我们便能更清晰地把握住设计产品外观时的一个重要原则——"不打扰"。

"不打扰"原则意味着,我们不希望用户看到一个突兀的物体出现在自己的生活空间中,更不希望它在视觉、听觉、嗅觉、味觉或触觉等任何感官维度上干扰到用户。基于这样的思考,我们努力使空调的形态尽可能地隐藏或融入环境之中。

近年来,我们看到许多产品都趋向于几何形状的设计,例如,智能手机大多采用圆角矩形的设计。然而,我想强调的是,几何形状是人类创造的产物;在自然界中,我们从未见过"圆角矩形的石头"。因此,在设计"初白"空调外观时,我们尝试将其外表面打造成一个自然、连贯的曲面,而非千篇一律的基本几何体。我们希望其造型细节中能够透露出大自然的温润之感,使其能够和谐地融入墙面和我们的日常生活。

"初白"空调

具备设计学科背景的人往往能够一眼看出，优秀的产品设计不会有多余的线条，它能够与环境和谐共存。换句话说，它的存在并不会打扰到人们。这正如深泽直人所倡导的"无意识设计"一样——关注并营造人在潜意识中的行为。对于这款空调，我们也经历了深入且纠结的思考过程，因为我们不希望由于设计师的介入而产生任何干扰用户或抢夺用户注意力的元素。但需要明确的是，"不打扰"并不等同于刻意追求"简洁"。若以"简洁"为出发点，我们可能会忽略许多有价值的设计元素，这是设计师在设计过程中需要深入思考的问题。

我时常提及像深泽直人、菲利普·斯塔克（Philippe Starck）这样的设计大师。他们的作品之所以备受推崇，是因为他们充分考虑到了用户的接受能力，没有打扰用户，反而为用户带来了愉悦的体验。在"初白"项目的产品定义和设计工作完成后，我并没有止步于此，而是继续深入了解用户的反馈。

这款空调上市后，我每天都会浏览京东商城上关于这款产品的用户评价。在中国，产品迭代速度非常快，这与德国等国家十几年甚至几十年不变的情况截然不同。当"初白"刚上市时，评价数量就达到了十几万条。许多用户都对前置式抽拉滤网赞不绝口，认为其既方便又实用。还有用户提到了一体式外壳的简洁设计以及减少灰尘进入的优点。看到这些评价，我深感喜悦，我们的产品定义和用心得到了用户的认可和共鸣。通过了解用户的真实反馈，我们可以发现产品存在的问题，并在后续迭代中加以改进。作为产品定义者，我们必须站在用户的角度去理解产品，避免做出主观臆断的设计。

体验驱动

深度洞察用户需求，无疑是提升产品体验度的核心所在。它要求企业必须通过精细入微的用户研究和持续不断的反馈收集，来精准地把握用户的痛点、期望及使用习惯。唯有如此，企业方能在产品设计和提供服务的过程中，融入更加契合用户心理和行为习惯的元素，从而实现用户体验的全方位跃升。

在此，我欲分享一个颇具亮点的热水器产品项目。热水器，这一历史悠久的电器品类，曾一度被众多企业视为创新乏力的领域。传统的单筒热水器，囿于其固有的设计限制，加热效率低下——所有需要加热的水被置于单一内胆中，导致整胆加热耗时较长。这与我们使用水壶烧水的原理相似，但加热 1 升水与加热 50 升水所需时间显然大相径庭。由此产生的问题在于，对于五口之家来说，如果家中有人洗澡时间较长，那么在其洗完后，后续使用者常会面临热水不够用的尴尬情况。原因在于，在使用热水的过程中，水箱会不断加入冷水，导致热水器需要不断加热，形成一个不良循环。

针对这一痛点，我们团队对用户使用热水器的行为模式进行了深入细致的探究，并对使用流程进行了逐一拆解。在此基础上，我们创造性地提出了"双胆交替加热"的崭新理念。双胆交替加热热水器的设计精髓在于，将传统单一内胆拆分为两个小胆，并配备两套独立的加热系统，确保其中一胆内的水始终维持在 70℃左右，以便与冷水进行混合，而另一胆则持续加热。得益于单胆容量的缩减，加热速度得以显著加快。当水温攀升至 70℃后，两胆角色随即互换，先前使用的胆会被重新注满水并继续加热，如此循环往复，两个胆交替使用。通过这种匠心独运的"统筹"加热方式，我们成功缔造了"持续恒温"的电热水器新篇章。用户在淋浴时再也无须频繁调校混水阀，也不必担心水温忽冷忽热，沐浴体验由此获得质的飞跃。

值得一提的是，在热水器市场上，双胆热水器并非新产物。然而，其诞生之初的动机，仅是为了解决单胆圆筒电热水器体积庞大、笨拙的问题，通过上下排列两个小胆，以减小空间占用，使热水器更加轻薄美观。然而，这种基于外观创新的双胆热水器并未触及用户核心需求，因此一直未能打开市场新局面，反而沦为了电热水器产品中的低端货。这充分昭示了一个道理：唯有从用户体验出发，进行深层次的创新变革，方能赢得消费者的青睐与认可。

当然，我们团队所定义的双胆热水器与市场上已有的产品存在本质区别，我们既改变了加热逻辑，又提升了加热效率。同时，也要感谢甲方提供的速热技术，正是有这些强大技术的有力支撑，才使我们能够在产品定义中实现核心功能的突破。这款双胆热水器荣获了美国 IDEA 设计大奖的金奖，这也是中国首次有产品获此荣誉。

随着技术的不断进步，产品迭代日新月异。如今，热水器的发展已不再局限于单一大胆与两个小胆的争论，相变储能技术的崭露头角，使热水器内部构造发生了颠覆性变革——水胆被彻底摒弃，取而代之的是金属毛细管路。这种全新技术的出现，必将引领热水器行业迈入全新的产品定义时代。新一代相变储能热水器的体积已较传统电热水器缩小了 40%，技术的革新与卓越的产品定义让我们对未来产品的发展满怀憧憬。

产品定义的思维方式与技术更迭的相互赋能，正是我在繁重项目中坚持抽离时间与精力、尽早撰写本书的初衷。倘若再过 5 年，市场上内胆式

双胆交替加热热水器

热水器或许已难觅踪影。技术的突飞猛进固然能为设计领域带来无限可能，但设计师们必须牢记一个至关重要的原则：在我们熟悉的日常生活中，蕴藏着数不尽的设计灵感与创意，并非只有追求新奇才能算作创新，将熟悉的产品视为未知领域进行再度开发，同样蕴含着巨大的创新价值。从新技术到优质用户体验的转化之路尚需我们不断探索与跋涉，而产品定义的过程无疑是这条必由之路上的重要节点。

我深以为然的一句话是："设计虽然时常热衷于风格转换或拥抱新技术，但它绝不应沦为经济或技术的附庸。"技术应当为产品定义所驾驭、为产品设计所服务，共同助力用户解决生活中的实际问题。

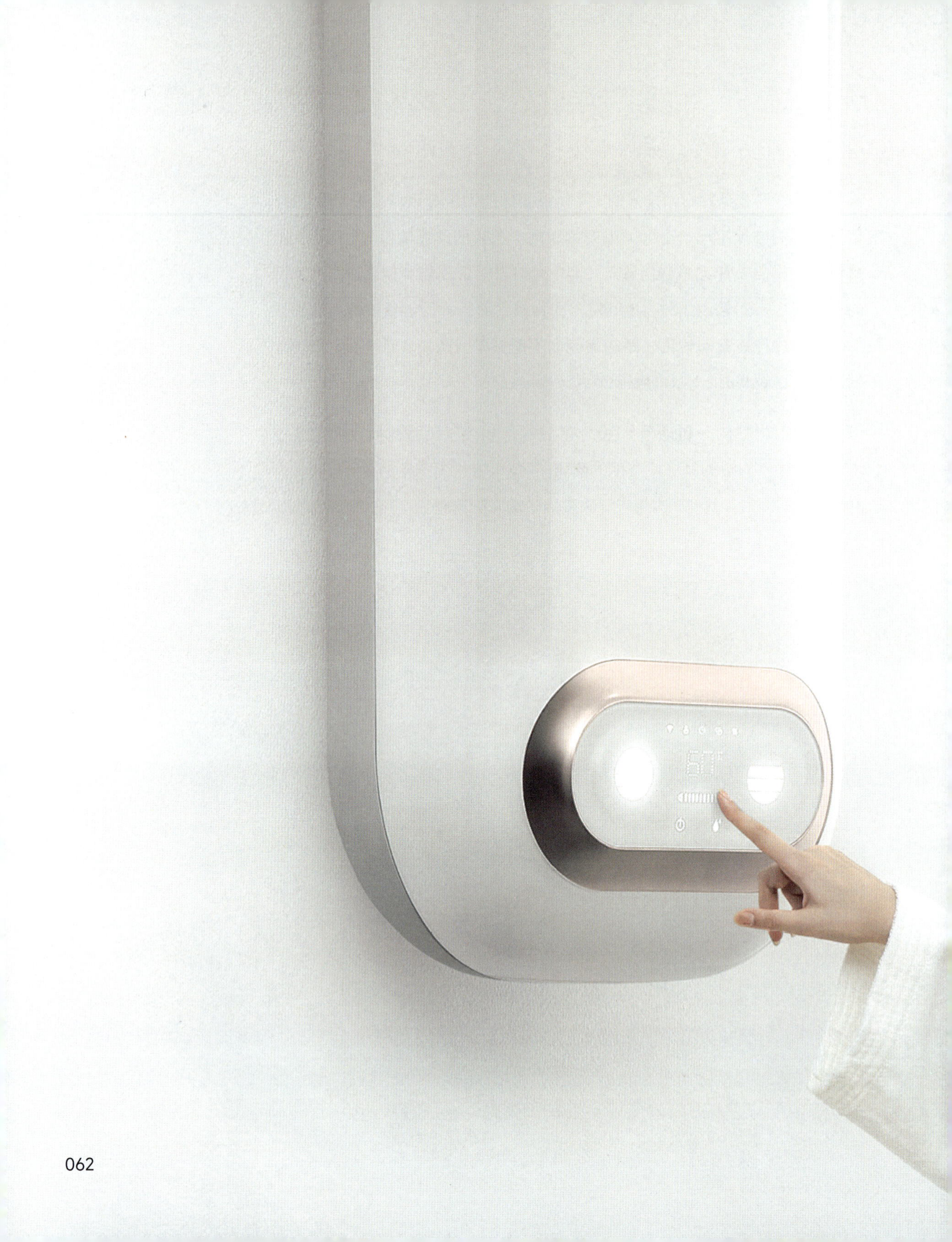

双胆交替加热热水器使用场景

第二部分

产品定义观

在第二部分，我将我的产品定义观提炼为六个核心要素，并以六个关键词加以概括，它们分别是：宏观、创新、共情、平行、构建（综合）与故事。这六个词汇不仅凝聚了我过去20年来在产品定义领域的深刻思考与丰富经验，更构成了打造优秀产品的不可或缺的重要基石。

第三章　品·相

从"造货"到"塑品"

从技术至上到技艺相融

"高端"向往

产品为人

第四章　创新基因

NEW

创新的温床

多元融合

收藏的意义

点子银行与工坊

第五章　保持共情

文化共情

理性的克制

"不插电"设计

威能的微笑

接纳 10% 的不一致

第六章　世界已然垂直，我们需要平行

跳出枷锁

平行品牌

平行世界中寻求增长

建立属于自己的平行品牌库

第七章　从分析到综合的场景化表达

"无"中生"有"

置身于世界

"综合"构建系统思维

第八章　SO,DO!

会说话的产品

故事涌现

SO,DO 闭环，最恰当的过滤器

有些人或许会质疑,为何我如此强调"定义"这一概念,它对于一个产品设计师而言是否过于抽象?我之所以坚持使用"产品定义"这一精确表述,是因为产品设计远非仅关乎外观形态的感性创造,而是一个融合了复杂理性思考的综合过程。这一过程不仅要确保产品功能的实现,还要贴合用户的生活场景,提供极致的使用体验。

哈特穆特·艾斯林格(Hartmut Esslinger),青蛙设计的创始人,也是乔布斯眼中的设计灵魂伴侣,曾在其著作《一线之间:设计战略如何决定商业的未来》中指出:我们不应停留在表面的设计层面欺骗自己,而应深入用户的生活场景,洞察用户的内心需求。在这个物质极大丰富的时代,我们不能再以琳琅满目、造型各异的热水器、空调等产品来敷衍生活。相反,我们应该致力于定义能够触动用户精神、心灵和身体的产品。真正优秀的产品定义,应当是以人为中心,而非人被产品所束缚。

在我眼中，世间万物皆可通过某种逻辑来解释。我选择以《定义：从造货到塑品的产品思维》为书名撰写此书，旨在传递一种理念：产品定义的思维能够给予那些有志于创造产品的人们极大的帮助，助力他们定义出更加理想的产品。如今，仍有许多人对产品设计存在误解，他们往往以所谓的"审美高度"来评判设计师，从而催生出诸多令人惋惜的产品。

因此，我们需要站在一个更加宏观的立场，以更加全面的视角去深入剖析什么是产品设计，什么是产品定义。这一过程必须清晰、准确、深入。产品定义绝非浅显的感性决策，而是要求设计师深入用户的生活场景，发现并解决那些用户自身都未曾察觉的痛点。因为普通人往往对生活中的某些现象习以为常，但设计师不能如此，他们肩负着定义产品、设计生活的重任，因为设计本身就是对生活的深刻诠释。产品定义的过程，就是在为用户发声，倡导一种更加幸福的生活方式。这正是产品定义最本质的目的，也是其终极意义所在。

03

第三章
品·相

  品相，指品质、品位、长相、卖相。品相涵盖两个维度："品"代表品质与品位，"相"代表外观与卖相，而品相能够借助产品定义展现给用户。其实现过程包含三个层次：其一，解决功能（材质）问题；其二，优化使用体验；其三，提供情绪价值。一款优秀的产品定义通常会将这三个层次有机融合。具体而言，可运用工业设计解决产品的功能与材质等基础问题；通过深入研究使用场景，优化产品的使用体验；通过构建产品故事，为用户赋予情绪价值。

  以一位"宝妈"选购洗衣机为例，她可能会被某品牌洗衣机独特的除皱功能所吸引，这一功能解决了她在实际使用中的痛点，体现了产品功能的创新；接着，当她发现该洗衣机的操作界面是一块直观易用的触控屏幕，能够通过图片指引轻松选择洗涤模式时，她的使用体验得到了进一步提升；最后，洗衣机的双滚筒设计，实现了宝宝衣物与大人衣物的分开清洗，为她带来了安全感，这便是产品情感价值的体现。当这三方面都得到满足，而且产品价格合理时，消费者往往会做出购买决策。

作为产品定义者，我们应具备宏观的体验视野和综合的思维能力，通过提供情感价值来塑造产品，而非仅局限于传统的功能创新和材质升级。优秀的产品定义者能够深刻洞察用户需求，甚至超越用户自身的认知，正如乔布斯那样，他之所以"不常倾听用户意见"，是因为他已经站在了更高的视角，更深刻地理解了用户的真实需求。

塑品，旨在打破企业以往以制造和销量为主导的产品定义模式，转而注重塑造产品和品牌的综合体验。这不仅包括满足功能需求，更强调创造情感价值，从而提升产品的品质、品位和品格，共同营造产品的品牌价值。塑品的过程就是为用户打造一个充满吸引力的"甜蜜点"，让用户在享受产品带来的实用功能和愉悦体验的同时，感受到产品所传递的幸福感。例如，购买一款戴森吹风机，用户不仅获得了快速、舒适的吹风体验，还能欣赏到其美观的设计和科技感，这种双重提升正是塑品所追求的目标。

从"造货"到"塑品"

自20世纪90年代迄今,中国以众多代工厂为支撑,逐步在世界制造业中占据了一席之地,赢得了"世界工厂"的美誉。这些代工厂多数以仿制和制造为主要盈利模式。从类型上看,代工厂可大致分为两类。

首先是OBM(Original Brand Manufacturer),即原始品牌生产商。这类工厂的特点在于,它们不仅持有自主品牌,还全面负责产品的研发、生产及销售。OBM工厂在运营上享有高度的自主权,其订单数量很大程度上取决于自家产品是否能切中市场需求,以及销售策略是否精准有效。随着业务规模的扩展,OBM工厂甚至有能力委托OEM工厂进行代工生产,从而在整个产业链中占据上游位置。

另一类则是OEM(Original Equipment Manufacturer),即原始设备制造商。它们的主要任务是根据品牌商的要求来生产产品,但并不拥有这些产品的品牌。OEM工厂的发展状况高度依赖于上游客户的需求,因此,它们常常面临着低利润和高成本的双重压力。正因如此,许多OEM工厂都在积极探索向OBM模式转型的路径。

然而,随着时代的日新月异,信息获取方式和购买决策过程都经历了翻天覆地的变化。生产企业在成本上升和订单减少的双重压力下,被迫从简单的代工制造模式向更为复杂的品牌塑造模式转型。

以某知名家电企业为例,该企业除了生产销售自有品牌的洗碗机,还为全球多个知名品牌提供洗碗机的代工服务。它们的业务范围不仅涵盖贴牌生产,还包括根据全球品牌的理念来具体落实产品设计,其中包括创意构思、外观设计、功能设定等各个环节。但值得注意的是,贴牌生产的利润空间相对微薄，只有真正拥有自主品牌和产品，企业才能实现长远发展。然而，在当前复杂多变的市场环境下，许多企业都缺乏足够的时间和资源去投入"塑品"工作。

这家领先的电器企业一直未能成功突破其品牌定位的局限，尽管它们的产品质量上乘，但在市场上仍被视为廉价品牌。这主要是因为企业未能精准把握其"品"的定位，产品仅满足了基本功能需求，却忽略了为消费者提供更具吸引力的生活方式引领和身份认同。

在谈及产品定义时，我们发现许多所谓的"山寨"产品仍然停留在简单的模仿阶段，缺乏对用户需求的深入理解和洞察。就在 2024 年，我与阳江多家企业负责人进行了深入交流，了解到他们生产的刀剪类产品在全球市场上占据了高达 80% 的份额。虽然这些企业已经完成了原始的资本积累，但当提及塑品这一概念时，他们仍然更强调生产规模和数量。

为了推动整个行业的持续发展，我强调了产品定义和塑品的重要性。我坚信，这将为行业带来积极而深远的影响。设计师和产品经理们需要以产品定义和塑品的思维来全面审视和讨论产品。在当前的中国市场环境下，如果仅从工业设计的单一角度出发，企业主们可能会认为这对提升品牌商业价值没有实质性帮助，或者无法直接转化为经济效益。

值得强调的是，提出品相、塑品和产品定义等概念，并不仅局限于工业设计领域，它们同样适用于包装、平面视觉等各个设计领域。这为产品相关人员提供了一个全新的思考角度，有助于他们拓宽思维视野。通过与阳江企业的深度合作，我们将提供从品牌策略制定、产品定义明确，到产品推广与传播等全方位的服务。

在从制造到创造的历史性转折过程中，只要能够抓住合适的机遇，并灵活运用产品定义的方法论，企业就一定能够走向他们梦寐以求的远方。这一规律不仅适用于阳江的企业，也同样适用于中国众多面临新老交替的企业。特别是在广东、江浙等地，新一代的创业者们已经开始逐步接手家族企业。他们对产品有着自己独特的思考，但这些思考往往还不够成熟。当他们了解到优秀的产品定义时，往往会感到受益匪浅，甚至会反思老一辈在经营上的不足之处。许多具有前瞻性的企业负责人已经明确认识到，未来的主流消费群体必然是年轻人，这些年轻人对产品的品位、品质、外观以及使用体验都有着极高的要求。如果不能成功吸引这一群体，那么任何产品都将难逃失败的命运。

从技术至上到技艺相融

一些客户意识到，过去二十年他们处于一种高代价的生存状态。如今，企业逐渐觉醒，开始认识到品牌的重要性，但却不知该如何塑造品牌。我曾遇到一位客户，其代工业务遭遇瓶颈，便想做"品牌"，第一反应竟是山寨北欧的一个品牌。实际上，他们拥有自己的商标，生产基地位于顺德。不客气地说，这位客户显然仍不清楚如何打造品牌、塑造品牌形象。生产厂商需要在思维上进行转变，从根源上摒弃山寨思维。

三星有一个综合设计站点，将全球各地的案例汇总在一起，他们把这些案例称为"our stories"，用到了"故事"这个词。其中有一个案例让我印象尤为深刻。折叠屏手机 z flip，展开时就是一部正常使用的手机，而闭合时则宛如女人的化妆镜，十分有趣，女孩们一眼便喜欢上了它，尽管它本质上只是一款形似化妆镜的折叠手机。三星 z flip 手机捕捉到了女性用户使用手机时的诸多细节，比如女性何时最为自信、妩媚、充满女人味，拿到这款产品能让她们变得优雅，取悦自己。在产品定义过程中，三星捕捉了无数类似的女性生活场景，如红酒品鉴、派对聚会、瑜伽健身、购物血拼等。这些生活状态或许代表着某种高级与前卫，但女性化妆的场景最能综合展现女性的性感和自信。此外，在一位女性的名牌包里，化妆镜通常是必不可少的物品。基于"首先打动女性用户"的视角，综合考量各种场景后，三星最终将产品定位在化妆场景。而且，化妆场景具有通感效应，可借鉴女性用户在化妆品和美容产品上舍得花钱的特点。如果一个女人的消费能力只能满足化妆品和包包中的一样，相信 99% 的女性都会选择把钱花在自己的脸上。

三星 z flip 手机的产品定义堪称典范。首先，它构建了一个完整的故事，女性通过化妆镜功能，塑造出美丽的女性形象。其次，产品售价较高，能让消费者有购买"奢侈品"的感受，这也在一定程度上彰显了消费者的消费能力。将其拿出来当作化妆镜使用，更彰显出一种前卫感，毕竟这是一款数字化的化妆镜。总而言之，三星 z flip 的产品定义在用户、场景、功能和售价等方面都形成了完整的闭环。

塑品对于企业的发展而言，是一个全新的视角。通过产品定义与用户自身建立深度联系，用户通过对产品的选择和使用，展现自己的生活态度和精神风貌，从而实现与品牌的相互成就。这些品牌反映了用户是怎样的人，拥有怎样的生活态度，如何进行思考以及做出哪些决策。这些品牌构建了一个人从内到外的气质面貌和追求，体现了独特的生活主张。

在生活的空间中，每一次的决策、选择的每一件物品，不仅体现了用户的思考态度，还能通过独特的使用场景深入融入品牌。借助品牌的精神价值，满足用户寻找回归自我的需求。这是一系列综合使用和体验的集合。关切个体深层需求的产品定义，是对塑品的综合探索与实践。

三星 Z Flip 手机

三星 Z Flip 手机

禅意系列是我们几年前与美的合作的一个家电产品项目。从"禅意"一词出发，人们很容易联想到落花流水、茶道、花艺等关键词。然而，我们此次面对的主题却是电器。美的与某全屋定制家居品牌合作，为匹配该品牌年度全新主题——禅意，需要设计一套充满禅意的家电产品。全屋定制家居品牌在中国提出禅意主题构想，既新颖又具有广阔的市场前景。

项目启动 PPT 展示了许多古风元素，如明清家具。我向来不是一个"趋炎附势"的设计师，我的观点向来是直接与甲方沟通表达。我认为，这个世界不存在"非常禅意的电器"，至少不存在像 PPT 中呈现的那种中式禅意电器。因为电器是工业社会的产物，如果明清时代就有洗衣机，我们或许可以沿着这个方向思考，但洗衣机与明清时代并无关联。展示一堆意向图，属于无效的启发，无法产生任何好的想法。

我们应该从"禅意"二字中提炼出能够诠释"禅意"的关键词，这些关键词要适用于现代生活，能够对禅意生活、禅意心境进行概括与描述，尤其要能够引导出产品的关键元素，如空灵、留白、向心、集中、寂静等。

关于"空灵"，应引导人们进入意境，体会禅意的过程；关于"留白"，要在产品上设计大面积的白色区域，使产品看起来具有想象空间和美感；关于"寂静"，在煮水时，降低饮水机加热的噪音分贝，让人们听到令人心情愉悦的白噪音。禅意蕴含着能给人带来愉悦的关键元素，这才是正确的产品定义思路。

如今，产品的设计与定义就像一层薄薄的窗户纸，轻轻点破，将定义表达出来，整个产品不会复杂，设计也会很容易完成。了解目标用户的生活方式，从禅意中提炼出的寂静、留白、空灵等关键词对应到产品的关键要素和具体功能上。在黑白搭配中，白色部分较为重要，即留白。空灵的产品没有攻击性，静静地立在那里，让用户感觉非常舒适。

在黑白对比中，针对"自然"这一关键词，我们将自然元素融入家电的细节之中。接水时，我们不希望用户把水杯放在廉价的塑料接水盘上。又因为产品不能定价过高，我们采用了一种不增加成本的方法，选择花岗岩石的暗青色纹理，从平整的岩石上提取模具纹理，再将其应用到实际产品上，最终呈现出青色天然岩石的肌理，给用户带来最熟悉的天然触感。把杯子放在接水盘的一刹那，整个产品显得非常有质感。

禅意系列的产品在当时销售情况良好，除了优秀的产品定义和设计之外，还得益于聪明的价格策略——以套餐形式进行销售。如果说小米是年轻人的第一部手机，那么禅意系列就是年轻人的第一套家电。热水器定价1499元，厨下净水器定价1499元，如果热水器与净水器打包购买，可享受499元的折扣，即2499元。巧妙的销售策略也是产品畅销的关键。因此，我们强调产品定义的整个流程是非常综合的，需要多学科背景的团队成员参与其中，包括设计师、销售人员、市场人员、推广人员以及企业决策者。

"禅意"系列家电产品

"禅意"系列家电产品

ZAZEN

078

ZAZE

E N

50°

"高端"向往

2023 年 8 月，某企业内部高层会议上爆发了一场激烈的辩论，核心议题是：企业品牌是否应进军高端市场。这家以"互联网 + 制造"模式起家的科技型公司，自进入制造业以来，在短短的 7 年内便彻底颠覆了行业格局。如今，站在品牌转型的十字路口，他们面临着是否向高端品牌迈进的重大抉择。

过去 7 年里，该企业凭借质优价廉的产品和独特的预发售互联网营销模式，书写了制造业的传奇。他们让智能手机变得触手可及，让各消费层次的用户都能使用到高性价比的产品。然而，低价策略背后的隐患也逐渐暴露出来，产品在使用两年后性能显著下降，迫使消费者考虑更换新机，这对品牌的持续性和消费者忠诚度构成了严峻挑战。

在行业内，该企业的颠覆性举措引发了广泛关注。他们重塑了行业标准，引领细分市场、产品品类走向了一种以量大、利薄、高销量、高性价比为特征的新模式。借助互联网的力量，他们先构建生态系统，再推出产品，转化生态网络为经销商网络，形成了涵盖各类硬件的完整生态链。其产品不仅成为年轻人的第一部智能手机，更成为中老年人的首选。这家企业的崛起深刻地改变了市场品类的制造标准、成本标准和流通标准。

然而，制造行业的现实残酷，导致"价廉物美"往往只是理想，低价通常意味着品质妥协。该企业高效整合低价资源，推动行业变革，孕育出新的商业模式。但随着原有利益格局的瓦解，行业开始重新洗牌，历经 7 年探索与发展，这家曾颠覆行业的企业也开始思考是否应向高端品牌转型。他们逐渐意识到，颠覆行业的代价是自身生存与发展变得愈发艰难。无论是互联网服务还是产品生态，最终落实到消费者手中的都是实在的产品，用户体验也同样真实而深刻。

面对未来道路的选择，该企业深知转型高端品牌并非易事，需要全面考量产品研发、品质控制、市场推广等环节，确保每一步都稳健有力。同时，他们也将密切关注市场动态和消费者需求变化，以灵活应对挑战和机遇。

向高端市场进军，更深层次地体现了一种对产品定义的精湛能力。在这个时代，想要成功定义一个产品，初次亮相便要达到巅峰状态，成为一条可行的路径。随着电商销售模式和自媒体的兴起，传统百年品牌面临巨大的生存压力，新兴企业也不再拥有逐步成长的机会，必须从一开始就夯实基础，稳步前行。

以大众汽车为例，通过收购奥迪、保时捷等品牌，它已成为全球最大的汽车集团，其商业模型已难以被复制。然而，如今的商业环境已发生翻天覆地的变化，像蔚来汽车这样的新兴势力，一出场便定位高端市场，手握电动车换电核心专利，在设计上展现创新和亮点。相较之下，大众汽车可能用了近百年时间，才凭庞大体量成为行业翘楚。过去，法拉利、保时捷、宝马等品牌需要通过参加赛事如世界拉力锦标赛、世界一级方程式锦标赛等夺取冠军，才能获得品牌声誉。然而，蔚来汽车有可能在未来短短三到五年内，在高端汽车品牌中占举足轻重的地位，成为品牌发展史上的一大奇迹。

"蔚来现象"迎合了时代需求的产品定义方式。我们坚信产品即品牌的理念，无论是品牌定位还是产品定义，企业从一开始就拥有直接进军高端市场的机会和自信。但要实现这一目标，企业必须在品牌力、传播渠道、视觉设计、推广能力，以及技术、供应链、材料和工艺等方面都达到行业领先水平，确保整个链条的完整性和卓越性。这是时代赋予的机遇，可以更快速地塑造和提升品牌形象。

小米和小鹏在产品定义的初期阶段，聚焦于成本和性价比，以及追求爆款效应，主打产品是年轻人的第一部手机、第一辆车。然而，从当前趋势来看，这种策略可能使他们在高端市场上难以立足。相比之下，蔚来汽车经营状况日益改善，展现出未来获得高额利润回报的潜力。

商业模式的根基在于对产品的精确定义和对品牌的精心塑造。蔚来汽车将"高端化"确定为其集团战略，但品牌的价值远非高端化所能简单涵盖的。品牌需要专注于产品本身，通过产品深度触及人的内在需求，不仅满足用户的使用需求、情感需求和精神追求，更要影响用户的人生观和价值观，引领他们选择适合自己的生活方式。

欧派克，作为滑轮行业的领军企业，已占据超过 60% 的市场份额。然而，过去其产品销售也面临挑战。五金行业价格竞争激烈且透明度高，产品功能相似，难以实现溢价。如同将售价 10 元的方便面提价至 16 元，消费者会极为敏感，商业操作空间有限。因此，加大产品研发力度，向高端市场进军成为欧派克发展的必然选择。

在 2022 年，欧派克创新推出了"完美系统"系列滑动门产品，该产品系列融入了众多尖端特性，如通用统一门体设计、精湛的工艺缝技术，以及全隐藏五金等高级属性，这些特点通常只在门窗行业的高端产品中才能看到，而且某些技术指标更是业内首创。欧派克为新产品线进行了周密的专利战略规划，这个"完美系统"系列滑动门产品集高端设计之大成，一经推出便达到行业巅峰。这一行动深刻体现了欧派克"追求卓越，走向高端"的产品定位理念。展望未来，我们有理由相信，"完美系统"系列产品

"完美系统"系列滑动门产品

"完美系统"系列滑动门产品

将在很长一段时间内领跑行业，并主导行业产品的定价权。

长期以来，欧派克在幕后为全球各大门窗品牌提供产品。然而，"完美系统"系列滑动门产品的推出，标志着欧派克从产品供应商转变为行业标准引领者。

目前，欧派克集团在欧洲拥有两个德国品牌——赫尔德和莫坦森，并将"完美系统"产品融入这两个新兴高端品牌中。两品牌策略清晰：莫坦森专注于提供系统解决方案，占领更高端的市场，通过整套输出五金产品系统方案与成品门厂商合作；赫尔德致力于提供门窗和移动墙体的工程解决方案，与建筑施工方共同设计开发重型移动门墙系统，从工程基础入手增强了产品和服务的独特性。值得一提的是，2022年，欧派克在欧洲本土实现了超过1000万欧元的盈利，对于一家中国五金企业来说，在以德国为代表的强大欧洲市场上实现盈利相当罕见。

从欧派克的案例中我们可以明显看出产品的核心地位，确保产品卓越品质和独特性至关重要。如今欧派克公司内部，几乎所有的研发人员都具备产品定义的思维。我所经营的德国设计公司与欧派克有长达十年的合作关系，其间我亲眼见证了企业领导人从五金行业的"匠人"成长为掌握产品定义精髓的"首席产品经理"。我们经常深入探讨行业发展和优秀的产品定义，而"完美系统"系列滑动门产品的诞生，无疑成为欧派克企业发展的重要里程碑。

产品为人

虽然我极为尊重德国经典的工业设计传统，但时光荏苒，十年已过，在新环境下，我们在继承包豪斯产品设计理念的同时，绝不能因循守旧，而应紧跟时代步伐，与时俱进。

在相当长的一段时间里，品牌产品往往会强调产品形象的一致性，德国汽车品牌"宝马"便是典型例子。在特定历史时期，宝马凭借高度统一的产品形象，给全球消费者带来了强烈的视觉冲击。然而，如今我们冷静下来思考宝马汽车的特质，会发现这种统一性虽带来了极高的相似性，如宝马3系、5系及7系外观上那标志性的"双肾"特征，但当产品的统一性遭遇用户的多样性时，它便不再是优势。西方工业设计发展源远流长，消费者普遍认可品牌的DNA特征。但在亚洲市场，尤其是中国市场，用户对品牌统一性的认知较为淡薄。亚洲消费者认为，个人喜好与品牌的整体感并无直接关联，产品的统一性与消费者的个人喜好关系不大。用他们的话说："我不会购买十辆车，只会买一辆车。"

再举丰田汽车为例，在被大众收购传闻之前，丰田品牌长期稳居全球第一。日本人从未刻意追求品牌的统一性。其车系丰富多样，包括卡罗拉、霸道、凯美瑞、雷克萨斯等。每一款丰田车都有着独特的外观。多年前，不少人，尤其是德国人，曾嘲笑丰田车缺乏统一性。但从结果来看，丰田在很长一段时间内并未输掉市场，特别是在东南亚市场以及中国广东地区，丰田车牢牢占据着市场份额。

面对"统一性"这一概念，我们必须保持冷静。德国人所推崇的统一性，以及当下大部分中国企业对辨识度的理解，往往局限于外观统一性。若仅从外观入手来构建产品的辨识度，只能说明设计师在辨识度问题上思考不

上：宝马3系轿车
中：宝马5系轿车
下：宝马7系轿车

够深入，才会单纯依靠造型和色彩来实现，这其实是相对容易做到的。而我们追求的辨识度，除了外观，还应涵盖功能以及品牌所彰显的精神内涵。

此外，任何事物都存在矩阵效应。一套东西同时存在会形成一种气势，这种统一性所形成的矩阵效应在短期内或许能为品牌造势，产生视觉冲击力的累积效果。然而，在真正的销售市场中，矩阵效应却可能引发问题。将宝马的 1 系、3 系、5 系及 7 系排列在一起，它们构成了一个产品集群，统一性极佳，能瞬间给人带来震撼。但实际情况正如前文所述，"我不会购买十辆车，只会买一辆车"。消费者购买的是一辆车，统一性的震撼场景无法转化为个人的购买场景。即便在 4S 店，消费者也不会同时面对十辆车进行挑选，而是会一辆一辆地观察、体验。

从产品角度强调统一性，以达成产品矩阵效应，进而塑造品牌形象，这一时代已然过去。成功的品牌在辉煌时期，无论做什么都鲜有人质疑。但如今，若这些大品牌仍深陷产品集群效应的泥沼，那不过是主观的一厢情愿。我们最应关注的是车辆能为用户带来的使用场景、油耗、经济性等实际要素。因此，车企需要投入巨资进行研发、设计和宣传，打造富有感染力的品牌故事，用故事的力量打动消费者，实现情感共鸣，激发购买欲望，让消费者将车辆带回家，享受驾驶带来的愉悦。在统一性极佳的情况下，打动消费者的力量是薄弱的。因为设计风格过于相似，只能吸引某一类人群，而无法引起更广泛人群的共鸣。消费者最终购买的只是矩阵效应中的一个点。

在新环境下，产品定义的重构应着眼于满足不同人群的需求，通过情感故事打动用户，用产品给予用户慰藉。对于企业决策者而言，产品定义不仅要满足产品功能需求，塑造品牌辨识度，还要赋予品牌独特的精神气质。对于整个行业来说，需要明确一种清晰的导向，即设计并非压榨型、劳动密集型的产业，它需要一种轻松、理性的氛围，为产品赋予新的定义和价值，引领用户向往更美好的生活。

从 Smart 开始，汽车的产品定义真正以人为出发点。在欧洲发达国家，如德国、荷兰、英国，停车难是一个普遍问题。Smart 极大地改进了产品形态，让车主能够在城市狭小的空间中轻松停车，这便是设计思考的起点。我曾在梅赛德斯奔驰的创新设计部工作，那里正是 Smart 诞生的摇篮。在奔驰工作期间，我得到了很多思维上的启发。最初作为学生时，我梦想着绘制汽车草图，幻想设计迈巴赫、法拉利这样的豪车。从人性角度出发，谁都希望早日成名，拥有光环。但这种追求目标其实是错误的，设计师很难完全无私地思考问题。而我很庆幸在这里树立了朴素的工作观和价值观。

上：作者在奔驰工作时期的照片
下：Smart 汽车

089

这个部门培养我定义对人有用的产品，长期的思考让我养成了惯性和平常心。作为设计师和产品定义者，我致力于做一件没有虚荣心、正确的事情。当我单身时，像我一样的众多年轻人参加派对，车后面拉着两箱啤酒，这辆我参与设计的车满足了人们生活中的细微场景，而且油耗极低，这让我倍感开心。当我成家立业后，有一天带着妻儿去公园，车后面携带两辆折叠车，到达目的地后下车再骑单车，构建出全新的生活场景。

类似的还有国内的 MiniEV，从产品定义到设计，都堪称优秀，没有任何技术上的瑕疵。首先，整车设计出色，推出了众多套件，可改装成特别酷炫的露营套装车，增加了多种不同的玩法。目前来看，时机恰到好处，经常能看到很多年轻人开着 MiniEV 去逛商场。我不希望看到有人开着大 G，把排气筒弄得震天响，让人感觉压抑。如果开 MiniEV 能成为一种群体效应，给世界带来阳光、安宁的氛围，给社会带来平静，那将是一件美好的事情。通过优秀的产品定义，归根结底，要让车这个品类真正回归到代步工具的本质，而非涉及等级体验的层面，实现民主设计，这是 MiniEV 非常重要的一点。

当然，这确实需要先锋人才和年轻人去推动形成这种效应。我在好莱坞的比弗利山庄，发现很多人生活得很平静。我甚至惊奇地发现，那里只有两种车，一种是豪车，另一种是 Smart。我还看到超级明星乔治·克鲁尼从车上走下。我觉得这或许是个巧合，但 MiniEV 确实偶然切中了当今高收入年轻人的某个需求点。当然，作为上汽通用五菱旗下的公司，其产品定义绝非小公司所能比拟，相信其背后有着深刻的市场洞察。购买 MiniEV 的人，无论是明星还是普通人，都能感受到一种友好、幸福的气质。在某种程度上，这意味着产品带来了一种文化流动。

MINIEV

04

第四章

创新基因

产品的创新为产品的迅速迭代提供了一条高效的捷径，相较于技术创新，其门槛相对较低。撰写本书的核心目的之一，便是深入探讨设计师所能"设计"的范畴，充分发掘设计师的潜能。在此，我们必须明确"设计技能"与"产品思维"两者之间的显著差异。单纯的设计技能，犹如掌握锯木、钉钉之术；而产品思维，则如同构思整座建筑，需要具备全局视野和深度思考能力。因此，设计师不仅要精通绘图技巧，更需要培养创新的产品思维和精准的产品定义能力。

过去，"技术创新是主导，产品创新仅是技术的外在包装"这一观点长期占据主导地位。然而，随着苹果公司的崛起及互联网产品的涌现，技术创新与产品体验创新之间的关系得到了重新定义。如今，如何培养创新思维，如何形成创新思维的意识和习惯，显得尤为重要。在这个变革的时代，我们站在了前沿，越来越多的企业开始寻求技术方案与设计体验的平衡，以期获得精准的产品定义。这一转变不仅为设计师提供了更广阔的发展空间，也为企业带来了更多的创新机遇。

NEW

在德国留学期间，我邂逅了许多人和事，这些经历对我的学习和创业产生了深远的影响，甚至对我今天撰写这本书也起到了重要的推动作用。

德国，这个以严谨著称的国家，其大学教育制度实行"宽进严出"的原则。以著名的亚琛工业大学为例，其本科按期毕业率竟然只有10%，这与中国的大学制度形成了鲜明的对比。曾有一位类似大学校办主任的人根据我的大学成绩单建议我补修两年的本科课程，只要能顺利完成这些课程，我就可以提前毕业。当时，我立志报考富克旺根艺术大学，这所大学的名字在德语中寓意着"掌管艺术的神居住的殿堂"，它是德国第一所设立工业设计专业的大学，汇聚了众多杰出的教师，其中包括乔布斯的好友——青蛙设计的创始人艾斯林格。他和他的儿子都在这所学校执教，从传统意义上讲，富克旺根艺术大学无疑是德国工业设计教育领域的佼佼者。

然而，我的考试和录取过程异常艰难，当年共有220人报考，但外国学生的录取名额仅有2个。根据德国的相关规定，这两个名额中最多只能录取一名中国学生，在12名中国报考者中，只能有一人脱颖而出。我和我的太太一同报考，最终我成功被录取，而她则未能如愿。

另一所备受瞩目的学校是科隆国际设计学校，这所综合性的国际设计学校也向我敞开了大门。在科隆国际设计学校，我亲身经历了一个令人难忘的事情。那年报考的考生中，大多数人并非工业设计专业出身。学校提供了多个专业选择，并给出了一个开放性的题目，要求考生在两个星期内自由发挥。学校随后用一个星期的时间对作品进行评审。

那年的题目是"NEW"，这是一个极具开放性的主题，允许考生采用任何表达方式进行创作，甚至包括行为艺术。而我则选择了典型的中国好学生的方式，将我在国内大学时的毕业设计作品《Pair》进行了重新加工。这个作品针对一对年轻夫妇设计，旨在满足他们对交通工具的需求。我设计了一辆可以拼接的汽车，平时男、女主人可以各自驾驶一辆车上下班，而到了周末则可以将两辆车拼接在一起共同出游。我认为这样的设计非常契合"NEW"的主题，因为它是一种全新的创意。

为了完善这部作品，我在德国重新进行了建模、渲染和效果图设计，还重新编写了作品说明。我投入了大量的时间和精力，甚至熬了许多夜。然而，在提交作品的那天，我遇到了一位德国考生，他看起来非常年轻，给我一种刚高中毕业的感觉。与我们这些准备充分的考生不同，他手里只拿了一个计算机键盘，没有带任何作品集。

我好奇地问他："你交的是什么作品？"他举起键盘回答："这就是我的作品。"我一时没看出这个键盘有什么特别之处，于是半信半疑地问："你设计了一个键盘？"他默默地点了点头。我仍然不解地追问："你花了多长时间搞这个？"他轻描淡写地说："我今天早上刚买的。"我惊愕不已，难以置信地连问了3个问题："你用键盘当作作品？""你的意思是说你买了一个新的键盘？""你是说这个键盘是新买的？"然而，他的回答却出乎我的意料。

他耐心地把键盘递给我并说："你仔细看一下。"我接过键盘端详，起初并没有发现什么异样。但当我准备还给他时，突然注意到了键盘上的 A、W、Q、Z 键的位置与常规键盘不同，这个细微的发现让我瞬间明白了他的创意所在，也给我带来了深刻的启示——有时候创新和突破就隐藏在我们日常使用的物品中，等待我们去发现和挖掘。

每当我回想起那件事，都会由衷地感到敬佩。那是在大学入学考试的那天早上，他走进商店，买了一个键盘，然后将其拆解，重新排列了按键的位置，再组装回去。他耐心地解释，这就是他对"NEW"的理解！

作者记忆中被小伙子修改后的键盘

那个考生的键盘深深地烙印在我的记忆中，每当我要向他人阐释创新与产品定义的真谛时，这个故事总是我必讲的案例。它对我，一个曾经的中国学霸产生了巨大的冲击，让我深刻领悟到产品创新的精髓。

在德国的那段日子里，我越发感受到中国与德国在思维方式上的差异——德国人更倾向于"relax（放松）"的态度。尽管我无法确定他重新排列键盘的具体意图，但作为设计领域的一员，我深知这代表着一种重构的思维。键盘已有近200年的历史，其间按键布局始终如一。然而，他的这一创新举动，无疑是对这漫长历史的挑战，促使人们反思：为何键盘按键一定要保持这样的排列？

这不禁让我想起了在国内的经历。我们从小就被教导要遵循既定的规则和方式，比如用右手写字，仿佛这是理所当然的。然而，在国外，人们更加注重个性和自由，不拘泥于传统的束缚。这种思维上的差异，在这个键盘上得到了充分的体现。

那个小伙子凭借这一独特的创意顺利通过了考试，这无疑是对那些墨守成规、缺乏独立思考的学生的有力讽刺。这个故事深深触动了我，成为我对产品定义的最初感悟和理解。当我回到国内后，看到许多被视为理所当然的产品时，我更加深刻地意识到了中西方学生在产品认知和思考维度上的巨大差异。

然而，值得欣喜的是，今天的中国也涌现出了许多具有突破性设计思维的产品。以 Insta360 为例，它的出现彻底颠覆了人们对传统影像拍摄器材的认知。如果所有人都局限于传统相机的思路，仅关注像素、画面质量等参数，那么像 Insta360 这样的创新产品可能永远不会诞生。Insta360 最初被应用于滑板、冲浪等极限运动的拍摄中，通过其独特的鱼眼镜头，呈现了别具一格的视觉效果。

Insta360 的创新之处不仅在于它能够记录 360°的全景画面，更在于它精准地定位了目标用户群体——那些追求极致体验的极客型用户。全景画面的主要作用并非追求传统相机所强调的超高画质，而是致力于呈现炫酷的视觉效果。尽管摄影爱好者可能会对画面产生的变形有所保留，但大多数非专业用户却对这种新颖的表现方式表示欢迎，因为他们更注重的是能够记录下滑板运动等极限时刻的激情与状态。Insta360 成功地打破了拍摄者与被摄者之间的传统界限，使拍摄者既是创作的主体，又是创作的对象，这一突破性的产品定义无疑为摄影领域注入了新的活力。

Insta360 拍摄画面

创新的温床

创新需要具备多样性

在国内大学攻读设计专业时,我曾是备受瞩目的学子,凭借出色的设计项目赢得了不少赞誉,并能以此自给自足。然而,当我踏上德国的留学之路,那份自信却很快遭遇了前所未有的打击。

在德国,我的产品设计依然出类拔萃,面对教授给出的设计题目,总能以精湛的技艺在短短两周内完成出色的作品。然而,在与教授的交流中,我却遭遇了观念的碰撞。当教授询问我为何选择这样的设计方式时,我脱口而出:"因为这样看起来更美观。"教授并未多言,而是迅速在我面前勾勒出了四五幅草图,并反问我:"你觉得我画的这些方案美观吗?"他语重心长地告诉我:"美观固然重要,但设计的核心在于解决问题。你可以创作出无数美观的设计,但真正有价值的设计,是那些能够解决实际问题的设计。"

这番话让我如梦初醒。我曾轻视了思维方式与推演过程的重要性,而此刻我才意识到,它们才是设计的灵魂所在。我开始自我反思,甚至对自己产生了怀疑。在这个过程中,我逐渐领悟到了产品设计的真谛:设计并非追求唯一正确的结果,而是探索解决问题的可能性。这种思维过程充满了假设、验证与推翻,它是一种长期积累的素养,甚至可以追溯到我们的早期教育。

以美育为例,如今美育受到了广泛重视,各领域都将其视为重要的产业来发展。然而,许多美育培训班的做法却偏离了美育的本质。他们过分强调作品的交付,让家长误以为孩子一下课就能捧回一幅完整的作品就是教育的成功，这种观念实在令人悲哀。因为有些家长发现，孩子只有在培训班里才能画出画，回到家里却束手无策，这暴露出了美育的误区。

我曾经见过一个专业的美育团队，他们的教育方式截然不同。他们带领孩子们走进大自然，感受秋天的色彩，通过寻找"瓜子的妈妈"——向日葵，来发现自然的美丽。这样的教育方式让孩子们真正理解了美与自然的联系，学会了如何概括和表达自然的美。这才是真正的美育，它远比交付一幅完整的儿童作品来得更有意义。

当家长们将美育与实用性挂钩，认为只有画出一幅画才算学到东西时，他们其实已经误解了美育的本质。这与设计创新中的观念颇为相似：表达自己的观点远比得到答案更重要。同样地，对于企业而言，保证结果的多样性也是一种至关重要的经营策略。我们应该鼓励孩子们在设计创新中勇于表达自己的观点，探索更多的可能性，而不是拘泥于一个所谓的正确答案。

化繁为简

这里的"简"并非单纯指"简单",而是一种深层次的抽象思维。它要求我们深入理解每一种基础材料、结构及原理,并通过巧妙的优化与重新组合,创造出多样化的成果。

我所创立的品牌——熊与杨,一直坚守着"化繁为简"的创新理念,我们深信,最基础的元素常常拥有最广泛的通用性。在产品的每一个环节,从初步了解、购买决策到日常使用,我们都致力于为目标人群和用户提供视觉与思维上的轻松与愉悦。当用户接触到我们设计的手冲壶或手摇磨时,我们希望他们能够直观地感受到产品的精致与美好,而无须过多思索材质或产品的特性。因为真正卓越的设计,能够自然而然地散发魅力,无须用户刻意探寻。

以中国传统旗袍为例,这一设计令我作为中国人深感自豪。旗袍的盘扣设计巧妙地运用了袢条和扣坨,其中袢条更是选自旗袍的尾料,通过编结,一根袢条化作球状的扣坨,另一根则对折成扣带。相比之下,西方的扣子设计往往采用木头、塑料或金属等材质,并需要通过打孔和缝线等步骤固定在衣物上。而中国旗袍的盘扣设计则体现了浑然一体的思维方式,追求的是材料的自然与和谐。这种将金属或木头等硬质材料排除在外的设计理念,源于衣物柔软亲肤的原始需求。中国人的这种智慧与设计思维,令人叹为观止。

同样地,中国的陶瓷艺术也展现了这种"化繁为简"的设计理念。陶瓷作品不会添加多余的材料或元素,例如,陶瓷锅上不会添加青铜把手,陶瓷杯上也不会添加双耳等。从古至今,产品创新的核心逻辑始终离不开这种简约思维。如今,我们回归设计本源,需要汲取中国人那种朴素的简化智慧,并下足功夫去实践和创新。

上：中式旗袍盘扣
下：李维斯牛仔扣

我之前设计的手冲咖啡壶，整体采用全金属材质，无论是壶身还是把手，均由不锈钢精制而成。我们致力于为用户带来简洁且纯粹的体验，实现这一目标的关键在于对供应链的精心打造。壶身是在广东的五金厂精心锻造的，把手则在浙江永康匠心制作，最后再运回广东进行精密组装。从材料选择、工艺运用到产品定义和制造过程，我们始终贯彻"化繁为简"的理念。

壶的把手设计尤为独特，采用不锈钢片焊接而成，中间截面冲压成V字形，不仅增强了立体感，还为大拇指提供了一个舒适的着力点，使握持更加稳当、更加优雅。我们追求的是用单一材料解决多样问题，让用户在欣赏产品外观的同时，也能感受到使用的便捷与舒适。产品的每一个细节都旨在引发用户内心的共鸣，激发他们对美好生活的向往，即使只是在使用过程中的一丝丝改变，也是我们对产品定义的成功体现。

手冲壶把手细节

以马斯克的火箭发射试验为例，他在面对耗资巨大且存在爆炸风险时，勇敢地突破了航天领域百年来的材料使用传统，选择了廉价且普通的不锈钢作为主要材料。他通过涂抹航空级特种涂料，使其耐高热、耐高压，实现了材料配比的创新，并达成了高度的可回收性，从而定义了一个全新的物种。

马斯克不仅重新定义了产品，更描绘了产品的未来愿景。他的火箭旨在实现可回收再利用，将人类送往火星的宏伟目标，意义深远且重大。更令人钦佩的是，他将这种火箭材料巧妙地运用到汽车制造上，再次展现了其降维打击的创新实力。虽然我与马斯克并无交集，无法洞悉他的具体想法，但他无意中将航天火箭的材料应用于 Cybertruck 皮卡的设计，却让用户感受到了前所未有的酷炫感，彻底颠覆了传统汽车设计的理念。他的创新思维作为产品定义的原动力，无论是上至穹宇还是下至地表，都展现出了无所不能的惊人力量，令人由衷赞叹。

Cybertruck 材料

创新要放松

回国后，我选择了创业，而我更倾向于雇佣那些有海外留学背景的员工，这主要是因为他们身上具备一种难能可贵的特质，那就是"放松"。在国内，许多公司的设计师都显得过于紧张，然而设计却是一个既需要严谨又需要放松的工作。对于任何一个学科的研究者来说，最痛苦的莫过于看不到终点。设计学在某些方面甚至比物理、化学等学科更为抽象，它所带来的挑战和痛苦源于其缺乏明确的公式、定理和度量标准。

虽然设计会涉及物理、化学等基础知识的应用，但设计更包含对美学的深思、学科背景的理解、环境因素的考量，以及对于产品生产和市场营销的权衡，设计实际上是一个跨学科的综合领域。然而，在国内，设计行业已经演变成一个高度内卷的劳动密集型产业。我非常愿意探讨这些影响产品定义的因素，并寻求引导设计行业走向正确产品定义的方法。

曾有一次，一个来面试的年轻人向我揭示了一个令人震惊的现实：某家公司竟然配备了淋浴间，这使一个本应依赖创新的行业变成了劳动密集型产业。当我第一次踏足深圳时，看到许多白领在匆忙赶往地铁的途中，一手用粗吸管喝着黑米粥，一手拿着竹签穿起的芝麻球。这种快节奏的生活方式让我感到深深的不安，因为它似乎将所有人都推向了一种高度紧张的状态。设计师们需要一个相对放松的环境来进行创作，这也是我选择来到顺德这个懂得生活、美食丰富的南方小镇的原因。

当然，"放松"这个概念并非全然积极。黄永玉先生是我深为敬仰的绘画大师，他以老顽童的形象在艺术界产生了深远的影响，通过绘画传递着艺术与快乐。艺术与产品设计的最大区别在于，艺术作品往往是独一无二的，只有收藏者需要承担其价格并欣赏它，与他人无关。然而，作为设计师，如果我们以玩乐的心态来对待产品设计，仅追求结构或视觉上的巧思，那么，当产品被大量复制并投放市场时，如果使用效果不佳，将会带来巨大的负面影响。绘画可以停留在纸上谈兵的阶段，因为它无法通过一幅画来改变世界。但设计师在设计产品时，需要考虑到技术的落地、产品的测试以及供应链的配合等诸多因素。

在某种程度上，我对佐藤大颇为欣赏，他的放松心态使得他的许多设计作品都极具创意，为设计领域的发展提供了宝贵的"先锋思想"。然而，他并不是一个以用户为中心的产品人，他更多的是在享受设计的过程，取悦自己。

中国艺术大师黄永玉作品

日本设计师佐藤大作品

多元融合

日本设计大师原研哉在《设计中的设计》一书中深入探讨了广义设计的理念。他认为，我们生活中的产品都是由颜色、形状、材质等基本元素构成的，这些元素应该被有序地组织，并源于一个清晰、合理的创意。通过精心制作这样的物品，我们可以探索人类精神中追求平衡与协调的普遍性。换言之，设计的过程就是将人类生活和生存的意义融入其中。这种对产品定义的独到见解，无疑展现了原研哉先生的深刻思考。

作为一名理科生，我深知跨学科思维方式在设计中的重要性及其难度。随着个人的成长，这种思考方式会逐渐深入，使我在面对任何事物时，都会从多个角度进行审视和思考。然而，这种思考方式有时也会让内心变得复杂和纠结，成为我不断向内探寻、挑战自己的动力。

作为设计师，我明确知道自己与艺术家的区别。艺术是艺术家个人对社会意志的表达，其根源在于个体的独特性。而设计则更注重于解决社会多数人共同面临的问题，其落脚点在于社会的需求和共鸣。在设计过程中解决问题，能够产生人类共同感受的价值或精神，从而引发感动，这正是设计的魅力所在，也是产品定义的核心。

回顾 20 世纪 90 年代的美国，企业对设计公司的需求已经超出了单纯的设计范畴，还包括了顾客研究、人体工程学、市场营销等多个方面。进入 21 世纪，一些独立设计师事务所纷纷转型为全面设计服务公司，提供从产品开发到包装设计，从技术研究到市场调查等一站式服务。

值得一提的是，早在 100 年前，德国的包豪斯学院就已经根据设计的学科需求，定义了以理工科为基础的设计教育体系。这所著名设计院校强调集体工作方式，打破艺术教育的束缚，为企业工作奠定坚实基础。同时，它强调标准化，以克服艺术教育带来的自由化和非标准化倾向，并致力于将科学逻辑的工作方法与艺术表现相结合。包豪斯学院的教师团队中汇聚了色彩专家、现代主义建筑师和表现主义画家等多元人才，其课程涵盖了

包豪斯学院早期上课的照片

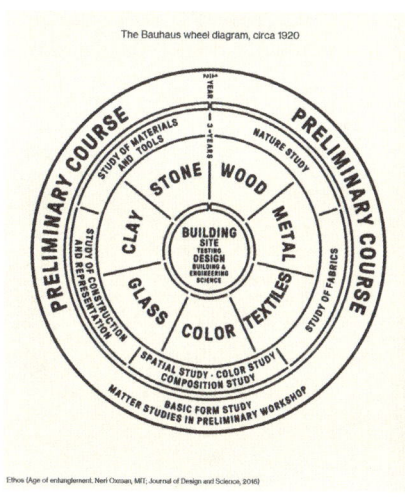

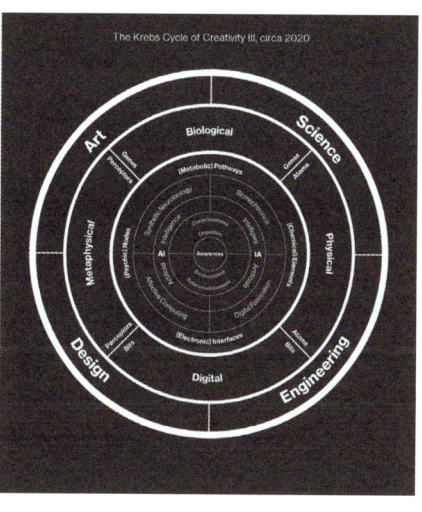

包豪斯轮图
左：1920 年版
右：2020 年版

包豪斯建筑

平面与立体分析、材料与色彩分析以及哲学、心理学、工程学和美学等多个领域。而作为包豪斯学院继承者的乌尔姆设计学院则进一步提出了"外界环境形成"的概念，将创新视为一种与环境息息相关的思想，并在建筑、环境、生产形态、视觉交流和信息学等多个学科中占据主导地位。这种教育理念已经远远超越了工艺美术的范畴，成为横跨各种科学的"综合人类学"和"综合创新科学"。

在《世界现代设计史》一书中，王受之先生也多次指出设计的复杂性在于它既是文化现象又是经济现象，很少有活动能同时受到这两个看似对立背景的双重影响。因此，我们需要从文化和商业发展的双重角度来审视设计。尽管商业主义和知识分子的理想主义在设计上经常存在冲突，但它们在设计领域中却不得不共存。

作为产品定义者，我们需要具备一种大设计观。无论是跨领域、跨时间、跨地域还是跨文化，我们都需要时刻以一种联系、平行和共情的角度来看待世界。世界不是孤立静止的，而是一个无边界、循环和无终止的存在。不久前，我读到奥美创始人奥格威写的一段话，深以为然："如果你是石油公司主管，那么你必须深入研读化学、地质学以及与石油产品销售相关的书籍，全面了解公司关于石油产品的研究报告和营销计划。同时，你应把星期六上午的时间用于与驾车人士交流，深入探访客户的炼油厂和研究实验室，以洞察市场动态及竞争对手的广告策略。"这段话强调了作为一个产品人应该具备的综合能力和跨界思维，以及深入了解和洞察市场和用户需求的重要性。

在当今的企业环境中，管理流程往往被按照职业划分进行切割，如营销、设计、用户研究和技术等彼此割裂。然而，真正的创新要求企业具备综合的跨界能力，其产品人应该拥有更广阔的社会观和世界观，以更好地理解和满足不断变化的市场和用户需求。

收藏的意义

许多人可能误以为，身为一家颇具规模的设计公司的老板，我的日常就是不断与客户会面。然而事实并非如此，在我的日常工作中，我接触到的是琳琅满目的产品，其中不乏出色之作，也有一些是人们凭空臆想出来的。而除了工作，我还热衷于收藏那些历经百年仍然璀璨的古董产品，比如收音机、钢琴和唱片机等。在闲暇时光里，我喜欢整理、重新布置或者维修这些珍贵的藏品，享受这种与工作截然不同的宁静与惬意。

我收藏的一架古董钢琴名为"波西米亚"，它拥有百余年的历史，是时间的见证者。这架钢琴内置一款独特的木轴音乐盒，直径达到40厘米的粗壮木轴上密布着金属刺，这些金属刺能够神奇地驱动667种"乐器"共同演奏，堪称人类历史上最古老的全自动乐器。只需轻轻上紧发条，它便能自如地流淌出美妙的旋律。相较于中国人办红白喜事时请戏班花费的高昂成本，这架能自动演奏的钢琴无疑是西方机械技术发展的杰出代表，展现了机械传动原理的巧妙与高效。

这架极具收藏价值的自动演奏钢琴采用了气动连接结构，然而岁月无情，它曾一度因故障而沉默。我花费了相当长的时间才找到故障原因——一个部位漏气了。尽管这架钢琴已经走过了百余个春秋，但它的性能依然如初，对气密性的要求也丝毫未减。我小心翼翼地用材料修补了漏气之处，让它重新焕发生命的光彩。

回望百年，我认为人类在基础声光电或机械领域的进步并不显著。而我之所以热衷于修理这架古董钢琴，最吸引我的地方在于，即便它已经历了漫长的岁月，我仍然能从中发现前人用朴素方法解决问题的智慧。这架自动演奏钢琴的工作原理并不复杂，它没有堆砌现代科技中的各种金属和高

作者个人收藏博物馆

作者收藏的古董钢琴局部特写

作者收藏的古董钢琴局部特写

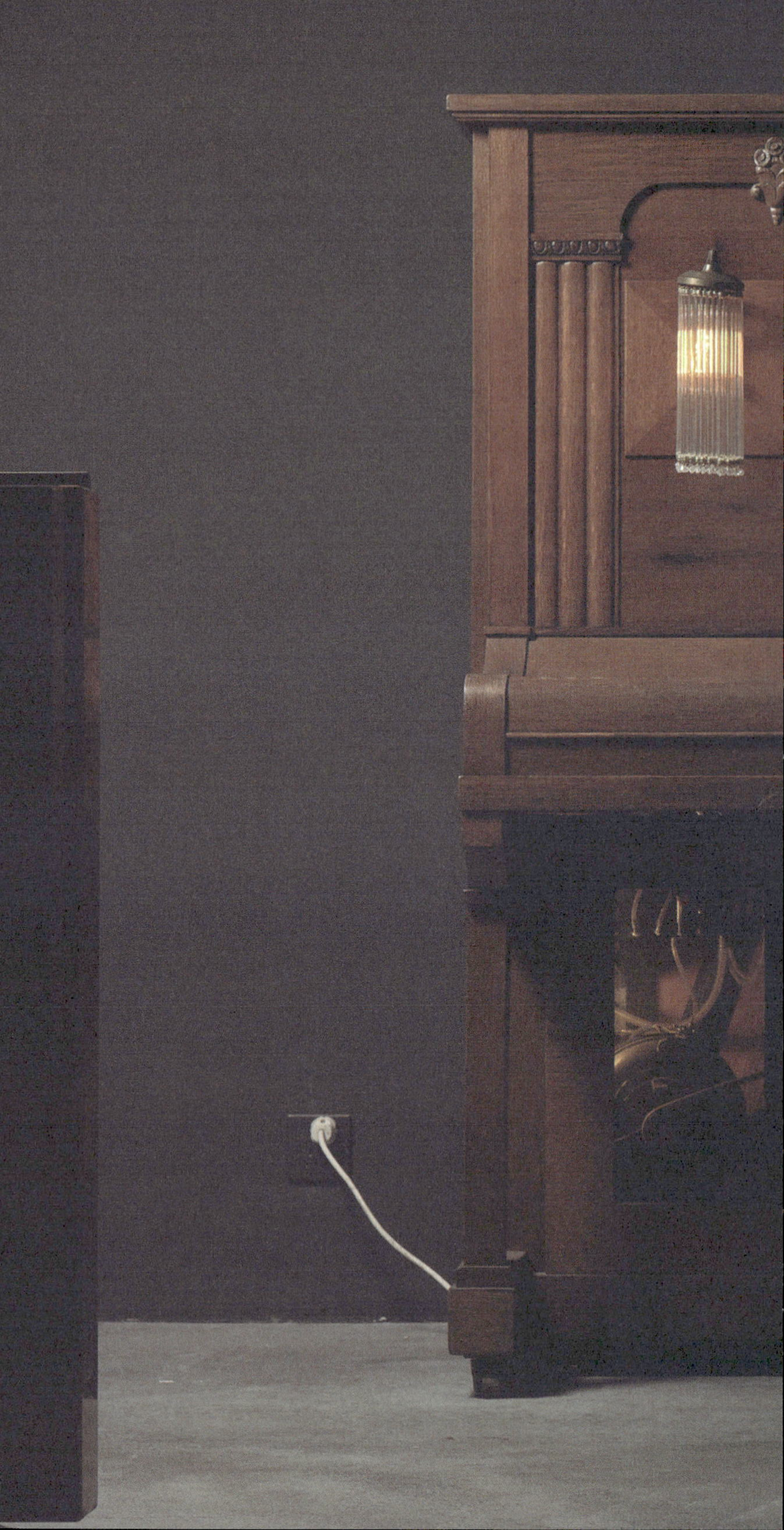

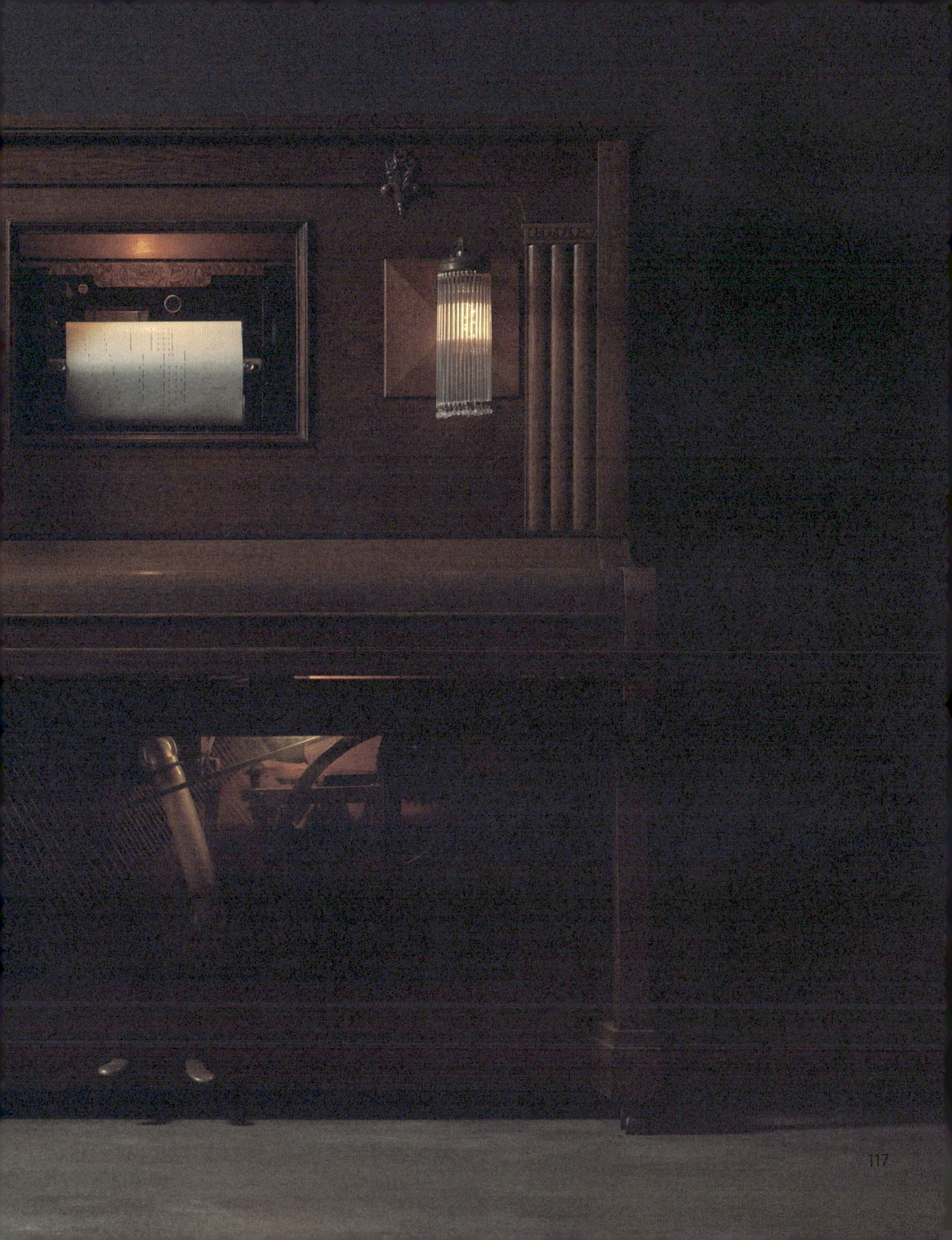

端螺纹，而是简单地将橡皮管插入木头中以传播空气，再在接口处滴上胶水。这种简单的方式产生了令人惊叹的效果，让我深感敬佩。

沉浸在古董的世界里，我不仅在产品的原点找到了设计的灵感与成长的动力，更期待通过这些历经百年的古老产品激发现代人与之产生共鸣的情感。这些珍贵的藏品不仅对我个人有着深远的影响，更能为后来的设计师们提供宝贵的启示与借鉴。

设计师必须深入理解产品，这包括那些历经沧桑的古董。我常常自问：为何圆形能引发人们的共鸣？为何简洁的设计能带来震撼？又为何我们总倾向于从原始的事物中汲取灵感？我试图用逻辑去阐释这些现象。例如，当我想突出某个元素时，会为其添加一个背景，利用背景的反差来凸显主体。我赞同那种观点：越原始，越高级。人们对于产品审美的认知，已深深烙印在我们的 DNA 中。

以圆形为例，你会发现，无论是太阳、满月，还是许多天然形成的事物，都以圆形作为重要的基点。这种基础形状与人类 DNA 中的印记产生共鸣，让我们感到亲切。在我们能感受到的底层事物中，越原始的东西越能让我们的内心宁静，认同感也越发强烈。

然而，现代产品往往过于复杂，缺乏直接性和纯粹性。古董则能让我们重新发现那些原始而纯粹的东西，它们朴素而直接的处理方式深深打动着我们。沉浸在古董的世界中，让我在产品的原点获得了深刻的洞察和成长。我期望通过这些古老的产品，能穿越百年时光，与现代人产生共鸣。

这样一个珍贵的场景，不仅对我个人有着深远的影响，对后来的设计师而言也是宝贵的财富。遗憾的是，设计的发展出现了断层。无论在哪个领域，设计和艺术的创新都离不开对历史的了解。否则，我们可能会重走别人的老路,误以为自己的创新是独一无二的。要避免这种情况,就必须深入了解历史,汲取前人的智慧,才能做出真正的创新。

　　古董在产品定义方面给我带来了许多启发。首先,古董的技术原理是非常宝贵的共性。在向客户展示产品时,阐述这些技术原理至关重要,特别是对于大品牌客户,他们有责任在其垂直领域内深入阐述这些原理级别

作者收藏的收音机

的概念，以巩固其行业地位。我们要与客户共同建立横向的原理级别联系，这既是技术壁垒，也是品牌历史的护城河。在定义产品时，这样的联系能让我们更容易地讲述产品背后的故事。

其次，古董也代表了一种难以逾越的壁垒。世界上真正见过、拥有过古董的设计师寥寥无几，能与大量古董朝夕相伴的人更是凤毛麟角。这些传世之作可以为产品定义提供丰富的灵感来源，"古为今用"是一种非常有效的思考方式。古人的智慧往往朴素而直接，比如中国古代的旗袍盘扣，就体现了简单而实用的设计哲学，这种朴素的设计哲学可以启发我们用更简单的方式解决问题。在产品定义中融入古董元素，可以让产品自带复古气息，同时避免专利问题。曾德钧就曾通过复刻古董收音机的功能和外形来定义"猫王"蓝牙音箱，并取得了很大的成功，这就是一个典型的案例。

古董是高端的象征，它代表了价值、历史和品质。如果一个东西没有价值，它就不可能成为古董。通过提取古董中的复古元素、美学元素和功能元素，我们可以将它们融入新产品中，提升产品的品位和合理性。例如，我们为美的设计的 Bistro 微波炉就是一个典型案例。这款微波炉的显示面板设计受到了 20 世纪五六十年代收音机面板设计的启发，我们将微波炉的显示面板放置于前门玻璃的夹层中间，并倾斜了一定的角度。这样的设计不仅让使用者无须弯腰就能轻松操作，还减少了面板被食物汤汁弄脏的可能性，大幅减少了清理的次数。

上：古董收音机
下：Bistro 微波炉

121

点子银行与工坊

2017年8月，我特意飞往北京，与奔驰的前领导、创新工坊的缔造者彼得·戈德克（Peter Gödecke）会面。他的 Facebook 头像颇具深意——头顶两只灯泡，象征着"思考的力量能够激发创新的火花"。回想起过去，我曾对团队合作不屑一顾，对团队成果持怀疑态度。然而，在奔驰创新部工作坊的经历彻底改变了我的看法，让我深刻领略到头脑风暴和工作坊在推动创新中的核心作用。更重要的是，我意识到工作坊的坚持、独特方法和严谨流程才是激发创新灵感的源泉。

奔驰创新设计中心的创新工坊活动丰富多彩，我恰好负责策划和执行这些"工坊"任务。每周，我们都会围绕不同主题展开研讨，邀请来自各行各业的精英嘉宾，如慕尼黑顶尖骨科医生、知名作家、资深音响工程师等，他们被要求携带一件个人物品，并分享其背后的故事与情感经历。

这些分享环节总是精彩纷呈的，例如，如果某位嘉宾带来的是一支口红，她会细述从初识这支口红到购买过程中的独特体验。由于每个人的视角独一无二，因此分享的内容也各具特色。作家可能会从情感层面展开，将口红与她的某段难忘经历相联系；而医生则可能会探讨口红的成分与健康话题。这些多元背景的嘉宾相聚一堂，形成了一个综合性、跨领域的交流平台，激发出无数新颖、独特的观点。

在开设工坊的日子里，我们常常围绕某个产品进行头脑风暴，集思广益。大家畅所欲言，有时会碰撞出许多富有创意的点子。这些点子来源于各个专业领域，有些看似简单却极具启发性，对于我们这些长期在奔驰工作的员工来说，这些新鲜的视角无疑为我们打开了新的思路。

我仍记得有一次，一位医生为"敞篷跑车的设计"贡献了一个别出心裁的点子。考虑到热带地区驾驶跑车时的日晒问题，他提议在跑车前挡风玻璃的框缘上增设一排细小的冷气孔。当启动引擎时，这些冷气孔会释放出冷气，为驾驶者带来凉意，同时也不会影响视线。

工作坊讨论环节

工作坊讨论环节

此外，在国内我们还曾与客户合作举办过一场主题为"空调的空气净化与无风感"的工坊活动。我们广泛邀请了结构学家、空气动力学家、营销专家、设计师和产品企划人员等，共同探讨这一话题。通过提出问题、引导讨论的方式，我们收获了许多富有创意的解决方案。例如，在探讨如何满足女性在特殊时期关于避免冷气直吹的需求时，大家集思广益，提出了多种创新方法。

在工坊活动中，我们特别重视想法的汇集与整理，我将其称为"点子银行"。由于参与者并非都是设计师，因此我们鼓励大家尽情书写想法并绘制草图，每次工坊结束后，我们都会产生大量的创意文档，我们称其为Onepager。为了确保这些想法的完整性和系统性，我们后期会为其配上生动的插画，并整理成文档。随后，这些经过精心整理的文档会交付其他部门的同事，由他们将点子转化为实际产品或进行技术储备。

工作坊的运作不仅是一个创意产出的过程，更是一个从量变到质变的飞跃。每周的坚持让我们聚集了大量外部专家的智慧与创意，这些高度专业的人群所阐述的高质量话题极具趋势引领价值，为企业带来了持续的创新动力。同时，工作坊还助力企业积累智慧、创建创新思维库，并收集受众人群的素质画像，为精准定位提供支持。

然而，工作坊的成功并非一蹴而就的，它需要专业人员的投入、严格的保密措施，以及专业的组织流程来确保其高效运作。更为重要的是，工作坊所建立的强大知识库是其核心竞争力的体现。对于一般企业而言，即使提供了详细的方法论指导，也难以轻易复制这一成功模式，因为研究对象、参与人员结构以及每个人提出想法和解决角度的差异，都使这一动态变化的流程需要专业人员进行具体且专业的把控与落实。

工作坊记录的想法和绘制的草图

为了打造这样一个高效的创意平台，我们投入了大量的时间和精力，并邀请了众多行业专家参与。如今的工作坊已不仅是一个产品定义和战略沟通的平台，更成为一个汇聚智慧、激发创新火花的"朋友圈"。在这里，我们共同完成了标准化的流程和方法论的梳理工作，以结果为导向为后续的工作赋能，这些宝贵的经验已成为推动企业不断创新的重要动力。

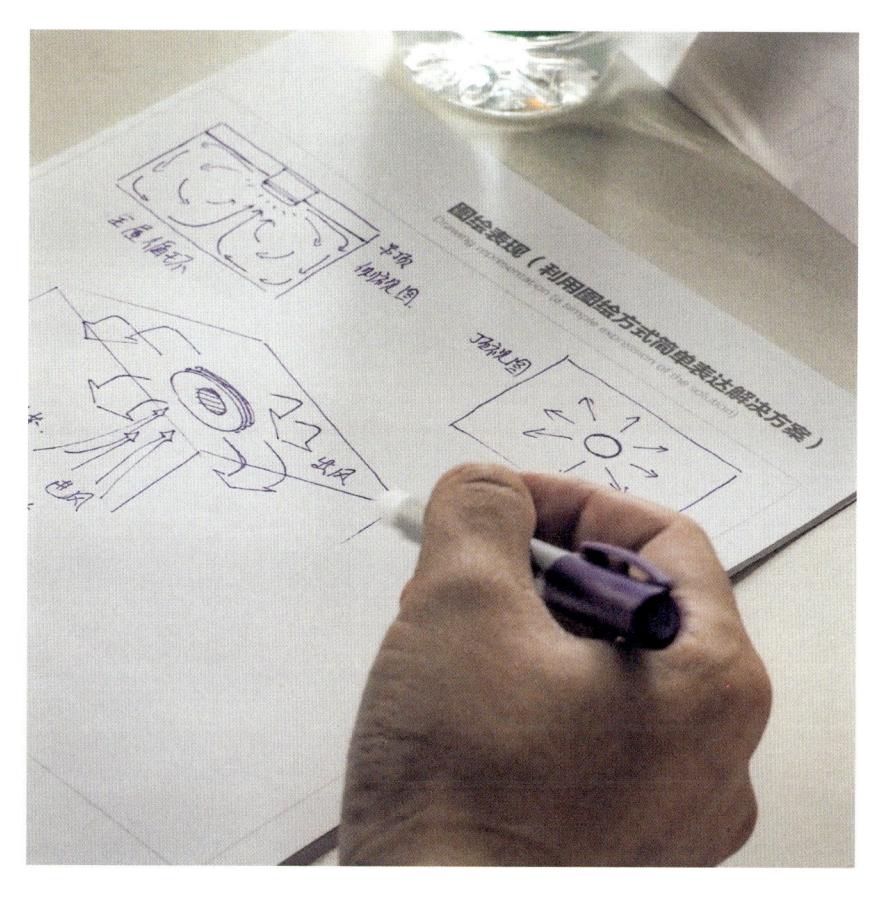

工作坊绘制的草图

05

第五章

保持共情

共情（Empathy）这一词汇源自德语"Einfühlung"，原本用于描绘人与艺术品之间那种深沉的融合状态，仿佛踏入艺术作品内部，体验其中的神秘与奇妙。然而，"共情"一词也被广泛译为同感、同理心等，并且在心理学领域占有重要地位。在本章中，我们将深入探索共情在中国独特文化背景下的解读与演绎。作为一个外来概念，"共情"在与本土语境的融合中，必将展现出更加丰富与深刻的内涵。

文化共情

回国后的第一个项目，也是我职业生涯中印象最为深刻的一个项目，是为一家知名珠宝品牌进行包装设计。在这个项目中，我深刻体会到关注设计物品的历史文化内涵的重要性，成功将珠宝的经典韵味与现代审美紧密结合。

在北京的某著名景点，游客可以看到大殿内设有售卖该品牌翡翠产品的柜台，在这种级别的文物殿堂能出现该品牌的产品，足以说明品牌的营销实力。作为中国最大的翡翠品牌商，虽然处于非常传统的行业，但其对产品设计的要求极高。我负责对其核心产品——翡翠制品，进行包装设计。

客户和我约在某商场见面，她带来了许多世界名表品牌，如百达翡丽、劳力士等的包装盒。她把这些盒子放在我面前，我刚从海外归来，面对中国的富豪和一大堆顶级奢侈品的包装盒，却并未感到紧张。她开口道，"小熊，我给你看这些盒子，是想说……"我打断她的话，立刻回应，"我明白您的意思，我们的包装肯定要对标这种级别去做吧！"

"不，你误会了。"她纠正道，"我给你看这些盒子，是因为这些设计还未达到我的期望。从价格上来看，我们的产品要比它们的更昂贵，很多都是稀世珍宝。"为了让我更直观地感受这种高级感，她决定带我参观其品牌的藏宝库，一睹他们的顶级藏品。藏宝库门口站立的是专业安保公司的保安，他们严阵以待，有点儿像电影里的保镖。进入藏宝库后，一张长条桌上铺着纯白色的皮草，工作人员精心摆放了 10 件珍贵藏品，我沿着桌子逐一欣赏，每件翡翠制品都价值过亿。

她鼓励我说："你拿起来仔细看看吧。"我笑着回应："我就在这里欣赏吧。"手握价值过亿的宝物，我确实感到有些压力。然而，她轻盈地拿起一块名为"释"的翡翠，放到我手中，并说道："无论多么贵重的东西，都应该信手拈来。"当我将这块翡翠握在手中的那一刻，东方的审美与大气扑面而来。我突然领悟到，这种高级感其实源于一种"释然"、"放松"和"平静"的心态。试想，如果当时我没有勇敢地拿起那块翡翠，就无法深刻体会她所描述的高级感。因此，设计师首先要让自己与产品产生深厚的情感共鸣，然后再将这种真挚的情感通过设计传递给用户。

在谈到设计要求时，她简洁地提出了两个字——"空灵"，这是一个非常抽象且高级的概念。与名表包装盒的设计相比，"空灵"所追求的不仅是高级感，更融入了东方美学思想，它既要展现轻盈的写意风格，又要蕴含厚重的文化内涵。这是一家源自云南的企业，为了更深入地理解客户所追求的"空灵"境界，我决定亲自前往云南寻找灵感。

我游历了苍山洱海，感受水波荡漾与山峦叠翠的美景；踏足香格里拉，置身于云雾缭绕之中体验雪域高原的静谧；最终抵达花城昆明，恰逢"花之城"盛大开业。这座建筑的主体造型灵感来自绽放的花朵，其整体形态宛如蓬勃向上的植物，处处透露着灵动的生命力。这座建筑的设计激发了我的创作灵感——花朵。于是我设计了"花之冠"的方案，打开的包装盒宛如盛开的花朵，而翡翠则是最璀璨的"花之冠"。整个包装盒采用纯洁的白色且带有细腻纹理的设计，图案似花纹又似云纹，若隐若现地将人带入一个空灵、缥缈的境界。最终客户对包装盒的设计非常满意，并且我们的作品还荣获了中国传统珠宝行业的第一个德国红点设计奖。

我深信融合了中国文化的设计应该更多地受到世界的关注，同时也应该

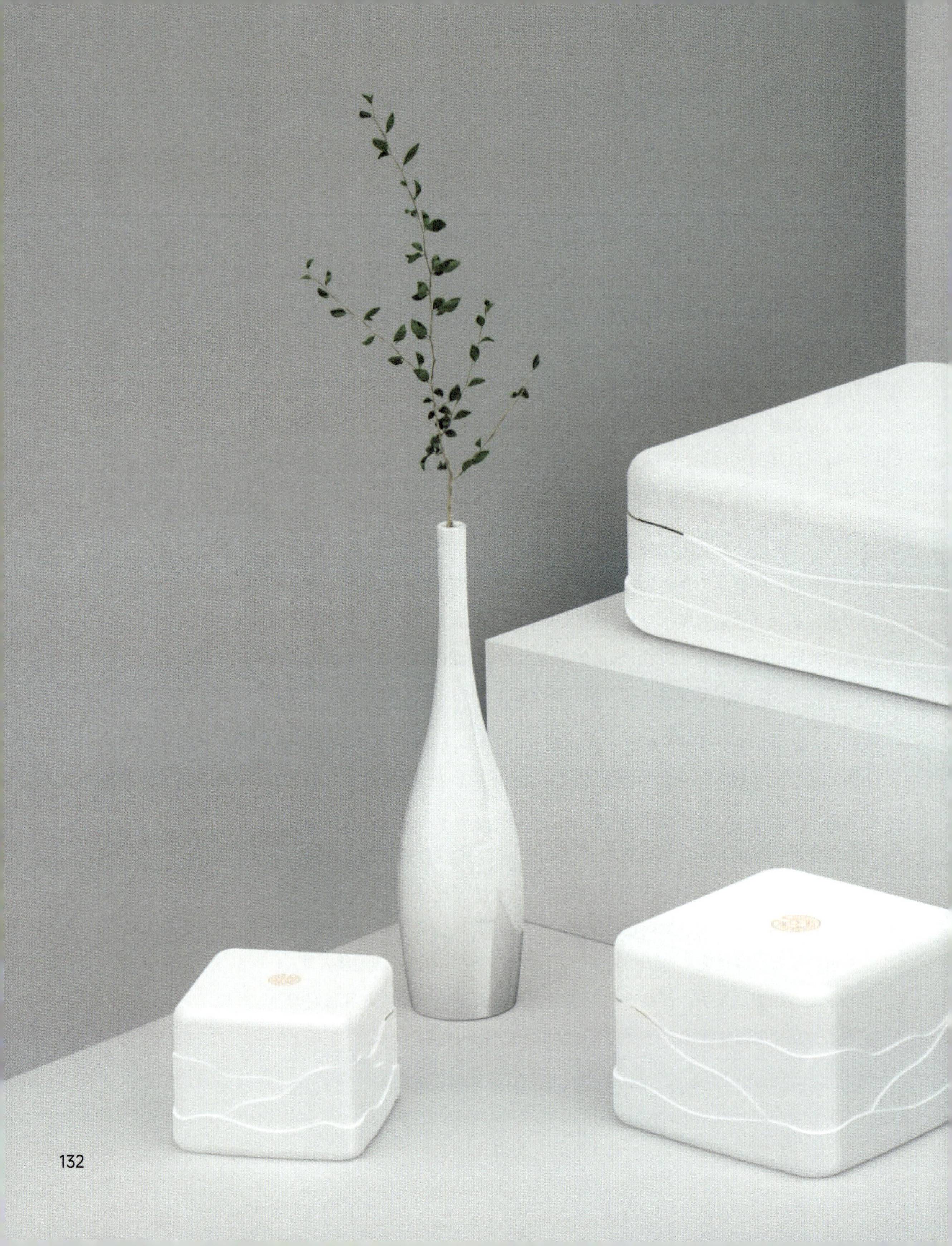

"花之冠"包装盒设计

首先得到中国人自己的认可。中华文明五千年的历史与文化智慧是我们宝贵的财富，越深入了解越能感受到其博大精深。

2017年，我带领团队参观了大都会博物馆的中国馆。古代中国的文化以及朴素而充满美感的造型令人叹为观止，这是现代人无论如何努力都难以复制的瑰宝。与此同时，我们也发现国外大品牌在运用中国设计元素方面不乏精彩案例，而且这种借鉴已经超越了简单的图案和纹饰复制。例如，在巴黎大皇宫举行的Chanel 2012春夏高级成衣发布会上，有一款手拎包的设计极具中国特色，它采用了Chanel特色的链条交叠组合方式包裹住方形皮包，而这种包裹方式竟然与中国古代中药店里包中药的绳索捆绑法如出一辙。金发碧眼的模特手持这款"中药包"显得时尚且毫无违和感，

Chanel 2012 春夏高级成衣发布会

Chanel "中药包"

　　这不禁让我们想象古人在拎东西时的优雅姿态。在琳琅满目的时尚箱包市场，创造出一种独特且前卫的包带设计确实是一项挑战。

　　我之所以详细分享这些案例，除了想强调"共情"在产品定义中的重要性，还希望传达一个更广泛且深刻的理念——文化共情。近代工业和工业设计起源于西方，为了让我们的产品更好地服务国内消费者，我们需要让消费者对我们的产品产生文化认同感。我一直将这一点视为中国设计师的巨大机遇和优势。相较于国外成熟的设计市场，基于西方生活方式的颠覆式产品创新变得越来越困难。而对于传统的中式生活方式而言，设计创新才刚刚开始崭露头角。日本在这方面做得相当出色，例如日本的电饭煲始终秉承"釜"的理念来制作美味米饭。从产品定义的角度来看，日本电饭煲的"釜"概念并非仅停留在营销和造型层面，而是深入研究了用釜煮饭的原理，并从加热方式、材料和造型等多个方面来定义产品。作为中国的设计师，我们应该意识到肩负的更多责任，并认真地学习和理解何为真正的"中国设计"。我们不能仅将设计停留在装饰性和审美层面，而要深入挖掘中国文化的震撼之处，并运用现代设计手法将其展现出来。通过体验生活中的细节与"物"进行交流，我们可以达到一种高度共情的状态，如果不去深入体会和理解其历史文化内涵和设计智慧，就无法对其进行全新的产品定义。

理性的克制

做产品的本质是解决问题，然而，纵观百年的产品发展史，很多问题都已经被解决。这就需要我们去发现新的问题，解决新的问题，重新思考熟视无睹的产品，做出一些让人惊喜的产品。设计师在塑造一个产品时，不能自私，但实际上大部分设计师都是自私的，这是一个巨大的问题。因此，我们做设计时要克制，要克制过分地"取悦自己"。我们不需要像艺术家那样表达自己的艺术观点，产品定义要具有对消费者的"普适性"。

2016 年，我与多年经营材料工厂的老杨一拍即合，决定亲自下场做产品，为自己的品牌做产品。提到品牌名称，经过多年的总结，我的团队总结出为品牌命名的五大方向——创始人、洋品牌、颜色、拟人拟物、正能量。我和团队在给品牌命名时经常会按照这五大方向展开头脑风暴，具体的案例在以后的书中会分享给大家，这里先简单提及一下。"熊与杨"的名字当时是由我来定的，这种用创始人姓氏的命名方式简单而直接。在欧洲，这样的品牌也很多，例如英国著名的品牌 Rolls-Royce，其 Logo 为"双 R"；意大利著名的时尚品牌 Dolce & Gabbana，Logo 呈现为"D&G"的组合。所以我当时也采用了这种方式，取了我们两个创始人的姓氏"熊"和"杨"，然后 Logo 用字母组合"XY"。很感谢这个品牌，让我体会很多，实践了多年来钻研的产品定义，坚定了传播这一理论和方法的决心。现在，品牌经历了 8 年的成长，已经成为精品咖啡行业的知名品牌，我们成功地定义了诸多优秀的产品。在获得多项设计大奖的同时，也取得了很好的销售业绩。

迄今为止，虎口盖碗共卖出了 3 万多套，是"熊与杨"销量最多的产品。中国很多汽车品牌都因为虎口盖碗的独特设计，进行大批量采购作为品牌的购车礼品。

左上：Rolles Royce 的 Logo
右上：Dolce&Gabbana 的 Logo
下：熊与杨的 Logo

137

盖碗制作工艺极难，不像普通的陶瓷杯那样简单。国外的陶瓷杯、金属杯在盛放热水时，必须加把手，否则会烫手。中国传统盖碗智慧超群，是世界上唯一的可以盛放热水而不用把手的容器。中国文化，尤其是禅、道的文化，都在讲向心和集中。任何事情都要有向心力，像太极一样，有一个精神寄托的中心；从紫禁城到盖碗，都是对称的结构；俯视天坛，向心的概念得以呈现，从祈年殿到汉白玉底座，都是正圆、向心的。中国古人由于文化影响，轻易不会在杯子上加把手，否则打破了平衡、向心的理念，也是对中国古人审美的破坏。试想，盖碗加了把手会有多奇怪。

正常拿杯子的姿势是用手握住杯身，接触面积大，盛放热水时就会烫手。而中国人的智慧在传统盖碗中得以体现，采用了"三指法"握持，这是"减少接触面积"的解决方案，把"面接触"改成了"点接触"。食指放在盖钮上，拇指和中指抓住碗沿的两侧，无名指和小指弯曲并在中指边上，不与盖碗直接接触。

但是，传统圆形盖碗需要使用两根手指掐住盖碗口径最大的地方，这对手小的人很不友好，而且两点的接触也很难保持稳定。虎口盖碗为了优化握持的稳定性，将圆形变成了不规则的三角形。这样，不但缩短了握持的宽度，而且将原来的"两点接触"变为沿碗边的"线接触"。另外，盖碗还需要有一根手指去摁住上面的盖钮，倒水时要错开盖子留出缝隙，以便倾倒茶水。针对这个痛点，我们为虎口盖碗设计了出茶缝隙，使盖子不用往后错开，手自然放松搭在盖钮上，即可倾倒茶水。

熊与杨盖碗使用手势

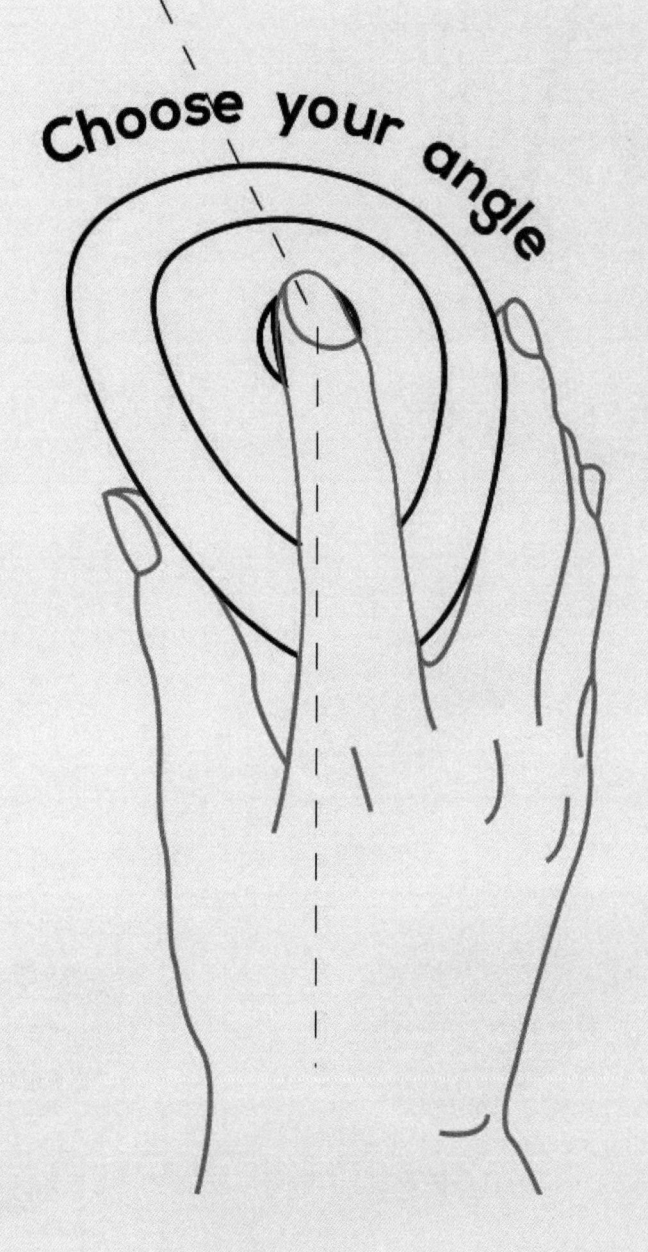

Choose your angle

熊与杨盖碗套装

中国茶道茶艺严谨且传统，想要动作娴熟优雅，必须接受专业训练。但是，从工业设计的角度看，传统盖碗缺乏对人体工学的考虑，这恰好是我们做新产品的出发点。我们保持克制，不求颠覆传统，而是将中国人的智慧与西方人体工学相结合，设计出可以让任何人不经学习就可以简单使用的盖碗。我有很多德国朋友现在都在使用虎口盖碗，感受中国的茶文化。

完成盖碗的设计后，我们又将杯子设计成与盖碗相似的三角形，这样有利于茶杯放入盖碗中进行收纳。当时考虑放两个杯子还是三个杯子，后来我们想，三个朋友坐下来喝茶，正所谓"三人行，必有我师焉"。数字三非常好，三生万物。

茶杯的三角形从上面看，每个角度都不同。从数学上来说，三个角度构成的是从最小变化到最大的等差数列。喝茶又称"品茗"，品茶会使人平静、慢慢思考。手指轻轻转动茶杯，你会发现总有一个角度是那么适合你。"适度"是杯子设计中所要体现的哲学含义，希望所有使用者都能从中得到一点哲学启示——人生，总有一个方向是属于我的。

熊与杨盖碗倒茶时的姿势

熊与杨盖碗套装收纳效果

"不插电"设计

"不插电"设计是从音乐领域引用得来的概念，它专指不使用电子乐器、不经过电子设备修饰加工的现场化的流行音乐表演形式。而从产品设计角度来说，"不插电"设计则是指非电器产品的设计。与之相对应的是，在工业时代，电器产品如空调、电视机、电冰箱、烤箱等已成为主要的设计对象。不插电的产品则包括锅碗瓢盆、桌椅，以及隐藏在门、柜子、抽屉中每天都会使用的滑轮、滑轨、合页、铰链等五金产品。

在过去的几十年里，令人遗憾的是，这些基础用品的设计已逐渐被忽视。在中国，几乎没人觉得五金产品还需要设计，因为中国的产品设计发展跳过了某些时期，例如德国的包豪斯时期，那是"不插电"设计蓬勃发展的阶段。中国的工业在互联网时代后迅速发展，但对于一些工业基础产品，我们这一代及下一代的设计师可能了解甚少。我们总是站在一定高度上去建立新的高度，这注定会导致基础不稳固，事实上我们整个设计行业的基础其实是薄弱的。

回国后，很快就有客户找到我，这得益于我在德国积累的丰富设计经验。当时，我可能是为数不多的擅长"不插电"设计的设计师。我们专注于"不插电"设计，这也成了我们初期发展的策略口号，"不插电"设计帮助我追求基础且纯粹的设计哲学。尽管这些产品隐藏在不被人注意的角落，但它们依然承载着重要的民生使命。杯子器皿、橱柜门窗、铰链合页，哪一样不与老百姓的生活密切相关呢？

我第一次与欧派克的许总见面时，他向我介绍了他们的多款滑轮产品。在谈到产品开发中遇到的问题时，他特别强调了滑轮组件在门体滑动过程中的顺滑和静音问题。众所周知，滑轮是否顺滑、静音，关键在于滑轮行进过程中的负载，以及滑轮与滑轨之间的材料摩擦。我当时向许总解释：我们可以把门体里的滑轮组件想象成汽车的底盘总成，滑轮相当于车轮，而滑轮与组件连接的部分则相当于汽车的悬挂系统。如果我们了解汽车是如何抵抗颠簸和减少胎噪的，那么滑轮的问题就能迎刃而解。在那之后，我与欧派克展开了长达十年的合作。在之前推出的"完美系统"中，许总在滑轮行业首次提出了"独立悬挂"的概念，并对滑轮轮体材料进行了优化，使"完美系统"的静音指标大幅提升，稳稳地成为行业内的标杆产品。这是设计思维在五金行业取得显著成效的优秀典范，而这种成功将使千家万户受益。

C-cup 和 7-cup 也是我们的品牌——熊与杨的代表性产品。它们的命名非常有趣，C-cup 引自俏皮的东西，比如女性内衣的 B 杯、C 杯，这也是团队中女生们的创意。"7"和"C"都寓意极好，在西方，"7"是幸运数字，代表幸运和一周的七天；而"C"则让人联想到"微笑"和"维生素 C"。能否通过产品赋予购买者、使用者正能量、传递快乐也非常重要。

这两个杯子的设计亮点在于手柄。不锈钢一体成型的手柄承载了多重功能：首先，通过前端开口的环形设计托住玻璃杯身；其次，手柄的 V 字形凹槽提供了良好的握持感；最后，其可拆卸设计意味着当玻璃杯破损时只需更换杯身，而手柄可重复使用，非常环保。

这两款杯子的设计还有另一个精妙之处——标志性的手柄造型不仅美观，还区分了杯子的容量和用途。200 毫升容量的 C-cup 适合手冲黑咖啡，而 300 毫升容量的 7-cup 则更适合卡布奇诺、拿铁等奶咖。用户无须查看数字刻度即可通过手柄造型选择适合的杯子冲咖啡，这无形中培养了用户的使用习惯。

C-cup 和 7-cup

7-cup 产品图

C-cup 产品图

威能的微笑

我们看到一些设计著作和设计研究中也提到"共情",其强调的"共情"一般是指"同理心",倡导设计师通过用户研究调查的方法,发现群体的感知群像;或者使用影子跟踪法,通过扮演角色跟着流程体验一遍,以使产品满足用户需求。这种"同理心"的共情,其意义体现在对产品设计过程所具有的指导作用。

在中国语境下,我们可以归纳出群体的几十种正向情感特征,如自然、诗意、新鲜等。拥有不同正向情感的人群背后,隐含着对产品的不同诉求,只有同频,才能引发人与物的情感共振。理解正向情感,学会运用产品的"表情",洞察人们的潜意识情感需求,是产品定义中非常关键的步骤。20年前,我们创造了"威能的微笑"的设计理念,通过产品的"表情"向人们传递愉悦的情绪,这一设计一直沿用至今。

1894 年,威能发明了世界上第一台恒温控制燃气热水器,在供热和生活热水领域,威能的知名度和品质均享誉世界。为了解决产品和品牌老化的问题,我们与威能展开合作,对其热水器和壁挂炉产品进行了重新设计。威能的售前服务和售后服务都非常出色,其服务人员总能面带微笑为用户提供优质的服务。我由此受到启发,最终在产品上打造出"Vaillant Smile(威能的微笑)"的造型,并应用于整个热水产品系列。这条 Smile 曲线恰好位于产品正面,看起来就像人微笑时上扬的嘴角,赋予产品以表情,令人感到愉悦。

此外,需要说明的是,在威能的众多产品上,这条 Smile 曲线还承载了一个隐含的功能——即"打开"。也就是说,这条曲线出现的位置,通常是可以打开的装置,其背后隐藏着一些设置组件或者产品技术指标的标签等。一条"微笑"的曲线,不仅成了一个核心的功能要素,也创造了一个独特的"功能辨识度"。

威能壁挂炉

威能系列产品

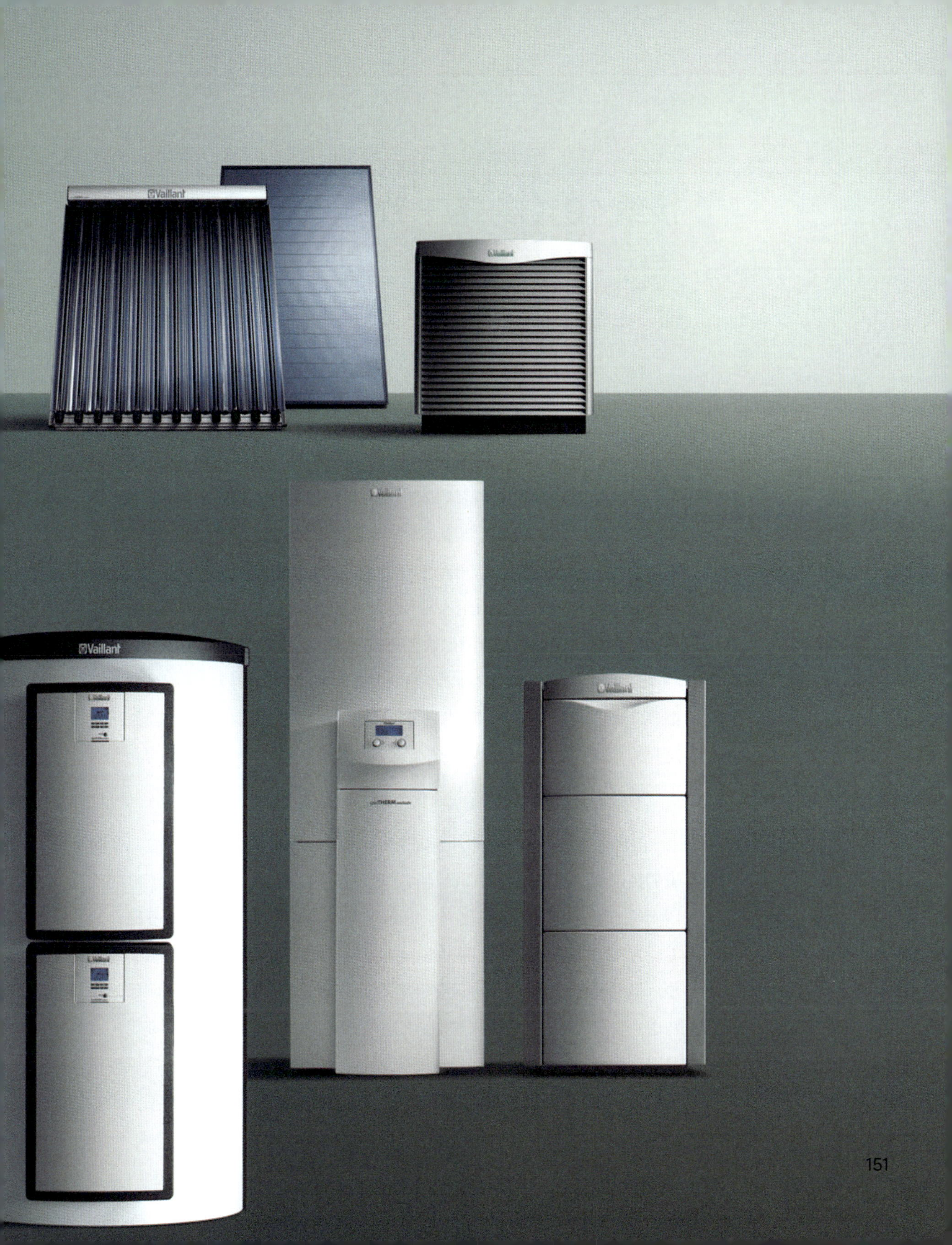
Vaillant
Vaillant

接纳 10% 的不一致

设计师与客户的共情非常重要,它不仅关系到设计师是否能获得项目的委托,更决定了在产品定义过程中,客户对设计输出反馈的时效性和质量。

我与一些知名企业有着长期的合作,一些已经合作了二十年,甚至更久。一些企业家和部门领导给我留下了深刻的印象,总结为一句话:一个人的成功,一定有他成功的道理。

客户有时需要的东西可能与我们的设计思路存在偏差,或者从设计师的角度来看,可能觉得不合适、不够高级。但你必须了解,所有的事情都不是孤立存在的。除了定义出优秀的产品,决策者还可能面临诸如"产品要在三个月之内上市"之类的挑战。作为设计合作方,我们可能无法完全体会客户在整个产品链条上所作的考量和决策。因此,设计师要培养自己的"容错"能力,你与客户之间"不融洽"的 10%,很有可能只是无伤大雅的细节。我们认为是错的,可能只是设计层面的错误,但我们要有能力判断这样的"错"是否会损害用户体验和产品营销。只要在产品定义的大方向上正确,我们就可以允许一些"错"存在。

我经常强调,作为一个产品定义者,面对设计层面的对与错,要具备精确的控制力。例如,我们曾设计过一款塔扇,在造型上,我们将下方的风扇涡轮通过透明材料显露出来,以强调其强劲的风力。当客户指着橙色的涡轮方案说"这个好"时,我心里虽有短暂的失落,因为那不是我最初的设想。但很快我调整了心态,没有提出任何问题或与客户讨论这一点。因为我知道,客户可能出于市场或其他方面的考虑作出了这个选择。事实证明,产品上市后橙色的涡轮受到了广泛好评,同时这款塔扇也得到了一些设计奖项的认可。这说明,尽管我们对用户、产品以及居家环境有专业的评估,但客

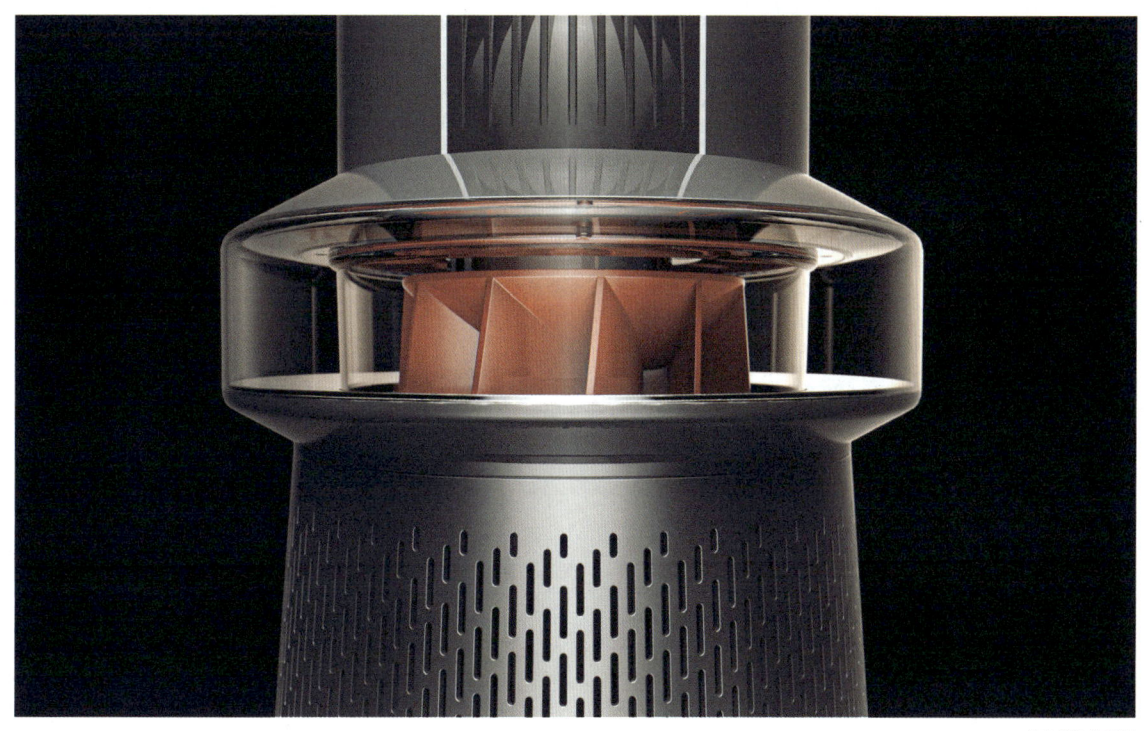

塔扇橙色的涡轮

户也有自己的市场洞察力。

  作为产品人，我们要避免陷入狭隘的共情，而应努力理解和接受别人分享的信息。"共情"与"自私"可以被视为一对反义词。我曾说过，大多数设计师都比较倾向于展现个性，但在产品定义的范畴内，"个性"是一个需要谨慎使用的词汇。过于个性可能导致你与客户之间的沟通出现障碍；而过于个性的产品可能让你的产品定义失去大部分客户的支持。你的客户可能并非设计行业出身，但他们具备管理才能和商业头脑。相比专业知识而言，作为产品人拥有宏大的设计观更为重要。

  许多电影导演会探讨人性的主题。以姜文导演的《让子弹飞》为例，该片包含了许多隐喻并非直白表述，明显少了他年轻时的意气风发和高声呼喊。然而票房却非常成功并广受影评人好评，在社会各阶层都拥有很高的人气。同样地，我们要尊重并理解人性对设计中的"瑕疵"持理解和包容的态度，定义出既受好评又畅销的产品。

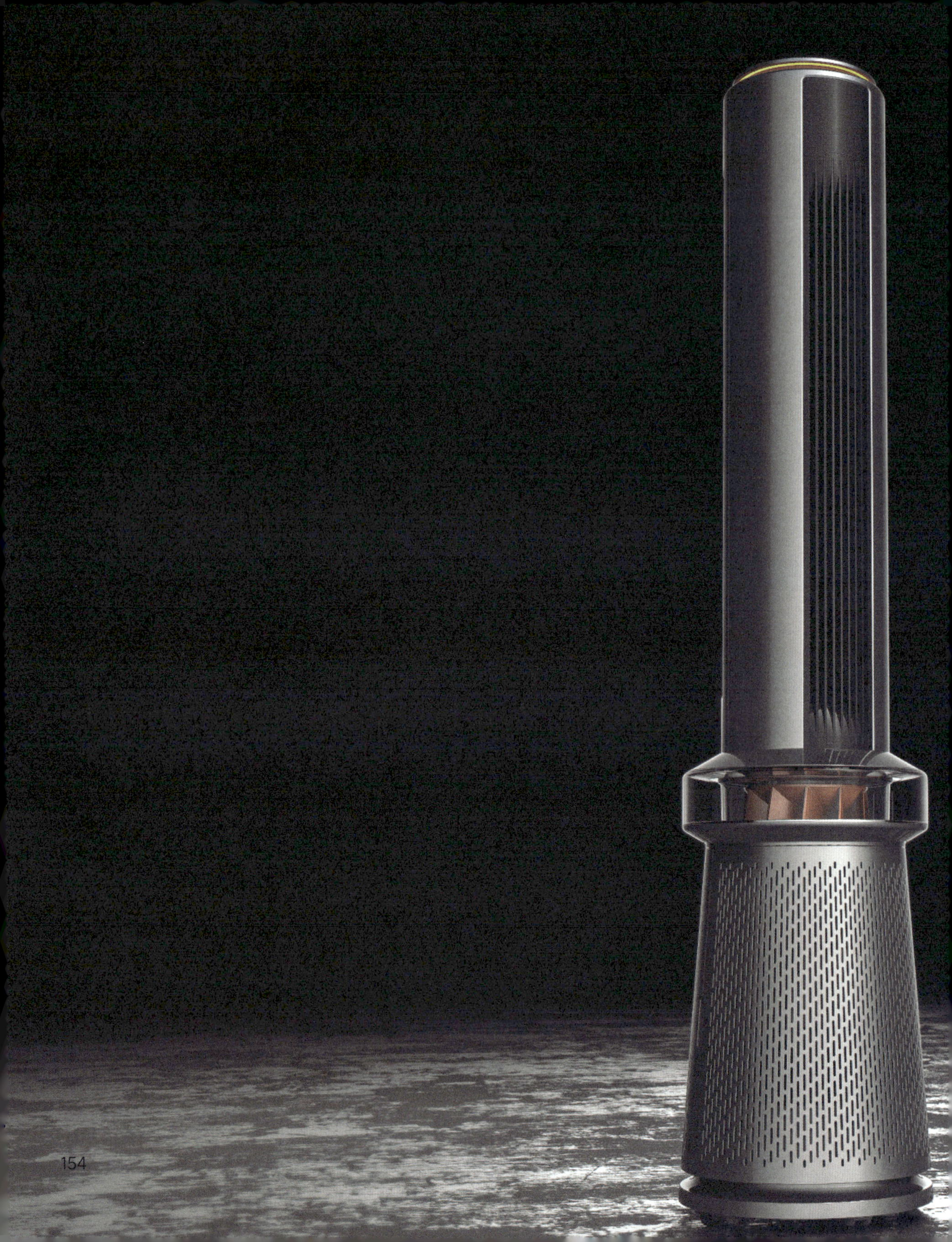

塔扇产品图

06

第六章
世界已然垂直，
我们需要平行

随着人工智能、大数据以及算法技术的迅猛发展，人们每天看到越来越多的同质化内容。有人担忧：人人都被大数据精准投放了海量的信息，并且难以知道别人关注的内容。这让我想起柏拉图提出的哲学观点"洞穴映射"——每个人一生下来，就被捆绑在巨大的地下洞穴之中，不可以转身，面前只有一堵墙，背后由操控者点燃火把，各种道具被投射到墙壁上，形成的幻象就是人们终其一生看到的世界。有人一辈子不会转头也无法走出洞穴，即便有人走出去，也不认为感受到的世界是真实的，而是更习惯性地认为投射到墙壁上的投影才是真实的。

柏拉图的这个观点依然适用于2000年后的现代社会。人们获取信息的方式和速度都发生了巨大变化，每天被海量信息包裹的人们，就像一个蚕蛹，被手机屏幕"捆绑"在信息茧房中，各种刺激感官的信息严重分散了人们的注意力，使人们无法沉下心，安静地阅读每一行文字。同样，如果一个内容在3秒之内没有成功吸引并打动观者，它就会被从手机屏幕上划走。手机中推送的内容就像"洞穴映射"中操纵者投射在墙壁上的幻影，大数据精准的推送技术和直播营销成为新时代信息传播操控者的道具。

　　本章提到的平行思维，将帮助企业深刻地理解用户群像，帮助企业实现跨品类的横向认知，创造可持续的品牌价值；同时，平行思维也将帮助每个人倾听自我声音，忠实于内心，选择适合并愉悦自己的产品，享受使用产品带来的美好体验。

跳出枷锁

人们认识世界、思考自我和做出决策，实际上是一个对外界信息逐步内化、消化和吸收的过程。这个过程始于我们的幼年，随着年龄的增长，我们不断建立和完善学习和生活方式。这一过程就像一个半径逐渐扩大的圆，从最初的狭小认知范围逐渐扩展至更广阔的领域。这是一个从已知走向未知的探索过程，我们在这个过程中不断挑战自我，突破认知的边界，丰富我们的内心世界。在这个充满无限可能的探索之旅中，我们学会了如何面对未知，如何在复杂多变的环境中做出明智的选择。

企业经营与个人的成长历程有着异曲同工之妙。最初，企业可能只是围绕一个狭窄的细分市场或产品线进行运营，其认知范围有限，经营策略相对简单。但随着时间的推移，企业开始探索新的市场机会，拓展产品和服务范围，这就要求企业从已知的市场领域走向未知的商业空间。这个过程是一个从熟悉到陌生的探索过程，企业需要不断地学习、适应和创新。

世界已然垂直，我们遇到的最大问题是信息禁锢。我经常与做媒体的朋友聊天，他们对我最常说的一个概念就是：你要做"垂"。"垂"就是本章标题提到的"垂直"的意思，因为垂直可以带来流量，可以被算法识别，可以获得收益。在算法的世界里，这样的策略是正确的，但我们降低一个维度去思考，我们作为一个人，是否应该去突破算法边界，勇于创新呢？如同《三体》中智子对地球文明实施的封锁，我们也应挣脱现有认知的桎梏，勇敢地跃入那广袤无垠的平行世界探索未知。

商业世界太多的声音，使我们难以正确辨别是非。当下产品类型的丰富程度超出了我们的想象。比如，我们想买一台饮水机，单从功能上来说，就有很多选择：除氯、恒定保温、自定义加热温度、独立双控温、气泡水、清洁内胆、双膜除菌等；而从外观造型上来说，更是层出不穷：不锈钢材质、独立水箱、高颜值轻奢、大屏彩显等，仅从功能和外观就可以延展几十个品类。面对眼花缭乱的产品，我们却不知道如何比较和选择。此时，如果有一个直播网红，用充满亲和力又无比确凿的声音告诉你，这款产品有多好、如何好，并且限时超低价销售，不选它你一定会后悔。请问大家买不买呢？在这种场景下，我们已经无法保持清醒的头脑去思考并决策，毕竟已经了解过几十种差不多的产品，价格差不多、外形差不多、功能也差不多。此时肯定选择焦虑了，直播犹如一只无形的大手牵引着你下单购买。

这是每天每小时每分钟发生在我们身边的购买场景。在这个世界上，已经没有比中国互联网发展程度更高、更快的国家了。互联网电商时代的消费方式发生了颠覆式改变，以前购买电视机、冰箱，要去国美、苏宁等电器城现场体验、听线下导购讲解；而现在很多家电的购买是在互联网电商平台上进行的，推荐信息和评价数据让消费者对产品的评估过程发生了改变。声势浩大的直播和千人千面的商品信息推送，彻底改变了家电销售商业模式和销售方式。消费者被口号营销霸占视听、抢夺注意力、盲目跟风购买。

在批量复制和超易模仿的营销工具推动下，营销声浪淹没了产品本身，从而推动了现象级爆品的频出，以及其背后的巨大交易额。甚至热情洋溢的主播们可以举着一本书，像在兜售一件紧俏商品般贩卖知识或课程。"不买就亏了，买了就能立即解决问题。"这些瞄准现代人焦虑心理的营销模式促成了一次次的冲动消费。直播结束后，这些产品能否真正满足用户需求，是一个极大的问号。

互联网电商只推给你感兴趣的，而平行思维则引导你进入更广阔的世界。在各种变化下如何给出正确的产品定义，这正是我一直在思考和践行的。我所提出的"认知主张"是秉承理性和自然的态度，不要被信息茧房所捆绑，不要被物品所束缚，我们要在这繁杂的商品世界中保持自然人的纯粹、遵循人的心性。因为，在物质生活极为丰裕的今天，每个人的价值感越来越重要，精神共鸣和情绪共情的需求也越来越多元化。看清直播营销的逻辑、洞察用户的深层需求、探索适合时代发展的产品定义是非常值得做的事情。让用户可以安静地体会产品本身，引导用户向往更美好的生活，追寻人与物更和谐、更融洽的关系。

亚朵酒店是我非常喜欢的一个中国酒店品牌。与相对西方标准化的星级酒店相比，亚朵要做减法，减去繁文缛节、厚植中国文化，倡导温度、适度、有人情味的邻里文化。亚朵酒店旗下的"亚朵星球"是其零售品牌，主攻枕头这一品类。感觉会买它的人可能就是住过亚朵酒店之后觉得床上用品很舒服的那群人。这里我们暂且不谈产品本身，开创"亚朵星球"品牌本身就是一个非常了不起的决定。在 2023 年"双 11"期间，亚朵星球的"深睡枕 PRO"枕头在线上全渠道卖了 80 多万只；2024 年"618"期间，夏凉被又卖出了 17 万条，睡眠行业的搜索量是枕头行业的 5 倍以上。如果把枕头产品的竞争对手锁定在其他枕头竞品，所有的数据研究和销售策略围绕枕头品类展开，必然陷入局限。而睡眠质量是酒店行业的核心竞争力，亚朵的经验和段位显然远在其他竞争对手之上，形成了降维打击。这是一种接力的产品线扩展的策略，我们后面会展开讨论。

所以，一个企业在寻求增长路径、创新发展前途的时候，它需要平行态度，需要平行思维。这种平行态度开拓企业创新多维度，这种平行思维带领企业打通产品品类，彼此支撑和托举，完成品牌的价值攀升。这是我们的使命，也是我们回馈社会的宝贵精神。

亚朵星球深水枕 PRO

Deep Sleep
Series

ATOUR PLANET

平行品牌

首先，来谈谈什么是"平行品牌"。平行品牌中的"平行"源于数学概念中的"平行"。通常，在平面上两条直线或者空间中两个平面没有任何公共交点时，我们称其为"平行"。所以说，一个品牌会有很多的平行品牌，犹如一条直线可以有无数条平行线。一个品牌的平行品牌是指：与该品牌有着相似受众，但属于不同品类的品牌。充分理解和研究平行品牌会使企业更加了解目标受众的生活方式和消费理念，可以透过更广泛的视角审视品牌的潜在发展空间，找到独到且恰当的产品定义切入点。

什么是"垂直"呢？"垂直"强调的是与"平行品牌"不同的概念，它指的是众多领域中分门别类的品牌与产品，比如咖啡品牌有雀巢、三顿半、星巴克等；功能饮料品牌有红牛、宝矿力、力保健等；服装品牌有 ZARA、GAP 和 Lululemon 等；又如房地产品牌有万科、碧桂园等；汽车品牌有奔驰、宝马、蔚来、理想等。这些独立垂直的领域品牌和产品，也是企业做"竞品分析"的主要内容，因为它们无时无刻不存在于人们生活中，对其"关切"和"思考"是必然的。然而，容易令人忽视的是，这样的关切并不能从真正意义上驱动产品创新，而且往往会让企业的决策者和产品经理陷入盲目追赶的怪圈。比如，一个饮料品牌在策划新品时，如果关注的是可口可乐和波子汽水，那我真的要为这家企业捏把汗了；其实完全可以换个思路，去尝试寻找自己品牌的平行品牌，试着去理解 Lululemon、Wagas 是如何定义相似受众喜爱的产品的。

一个人在衣食住用行等各个方面选择的品牌，就像他生活里的一条条平行线，呈现着他的全部追求和喜好，编织着他的独特气质。平行品牌在产品领域被我们赋予非同寻常的价值和意义。

Lululemon 品牌服装

☾ FEEL EMBRACE

平行品牌是我们基于多年行业积累提出的一种量化分析消费者感知的方法，它可以为企业或品牌的目标用户画像，客观、立体、全方位地呈现在产品定义者面前，目的是帮助企业摆脱所在行业的惯性思维和创意来源，从其他平行行业及运营良好的平行品牌产品中汲取灵感。

我们在做产品定义时经常提到，产品所处的环境、目标人群、产品售价等要素一定要形成闭环。我们总说产品经理要具备用户思维和移情能力，意思就是做产品不能太"自私"，不能以自我为用户范本去定义产品。但事实上，大部分情况下，企业决策者和产品经理会以比较主观的思维定义产品，也有很多人认为产品越高端越好，越有差异化越好。人们的生活状态、消费能力不一样，吃的、穿的、开的车都不一样。如果不找到一个衡量的

衣食住行示意图

工具，很难客观地构建完整且精准的用户画像。因此，在产品定义过程中引入平行品牌的概念是非常必要的。

要想在产品定义过程中引入平行品牌概念，需要一个非常显性并且易用的参考系，一把可用于度量平行品牌之间关系的标尺。"林比克轮盘"是德国宁芬堡研究所开发的一种基于神经心理学的认知图谱，我们可以将其应用于产品开发领域。利用"林比克轮盘"从衣、食、住、行四个宏观维度衡量平行品牌，得出可以描述用户和品牌的抽象词汇。

从四个维度对目标人群使用的平行品牌和产品进行追踪，抽象出一个或若干个意义相近的形容词，锚定目标人群使用的产品属于何种类型，是

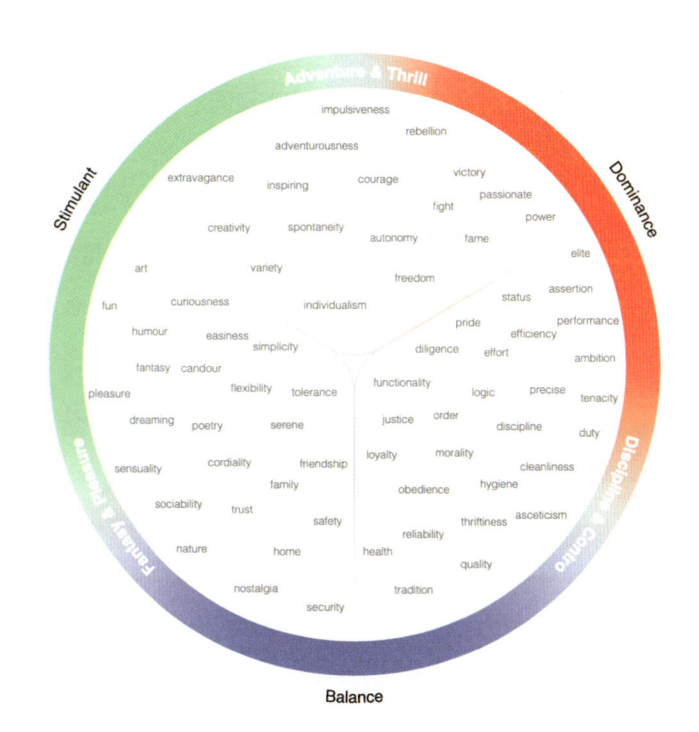

林比克轮盘

偏实用型的，还是偏先锋型的，抑或是其他类型的。通过这种方法抽象出来的形容词，可以避免产品定义者陷入主观性误区。

之前我们收到过某领域行业巨头发过来的用户画像，说实话，很不客观。我们会发现目标用户既用苹果的产品又用小米的产品，既用奢侈品又用无牌产品。虽然有一些极端的情况，但普遍意义上的人物画像下面的品牌属性存在明显冲突，而用户画像中对应的产品品类又重合在同一个领域。所以可以认为，用户画像的结论是混乱的，呈现出扭曲、分裂的状态，甚至是错误、不真实的，无法正确指导产品定义。

在之前的一个项目中，我们选定一组高端剃须刀的目标用户群体，发现样本有两种趋势：一个是奢华型，另一个是生活美学型。对奢华的向往和美学诉求本身并不对立，它们具有一定的相似性，或者说在图谱上具有一定的区间重叠。间接来看，奢华型品牌的品牌塑造会经常选择讲述美学，生活美学品牌也有着对高端方向的追求，用户喜爱的产品可以兼具这两种特质。最后在"林比克轮盘"中锚定用户类型，一般情况下，不会在一个位置上锚定，会锚定在两三个位置，这并不奇怪。整个"林比克轮盘"中所有的形容词都代表了人类的正向情感，我们锚定的每一个位置都是目标用户感兴趣的正向领域，这给后面的产品定义以及后续设计提供很多有益的方向和思路。

当然在现实中也可能存在这种情况：用价值 3000 元的剃须刀的用户却睡着价值 500 元的床垫。我们发现了一个矛盾点——用户同时拥有价值 3000 元的剃须刀和价值 500 元的床垫，这种情况该如何解释并用"林比克轮盘"表达呢？需要从衣、食、住、行四个维度里选取尽量多的品牌样本，因为也许这种情况的出现是受到一些客观且个体化的因素影响。例如，用价值 500 元的床垫的用户可能在剃须刀生产企业工作，对剃须刀比较了解，在购买剃须刀方面具有倾向性，而他对床垫这类产品并不了解。因此，在购买剃须刀方面，他可能属于高档甚至奢侈消费人群，但与之对应的特质并没有在床垫产品领域体现出来，或者说奢华的床垫并没有通过正确的方式出现在他面前。因此，在进行用户群体和品牌定位时，应用"林比克轮盘"分析大量的用户样本，可以帮助决策者推导出比较准确的结论。

平行品牌深入渗透至用户个人生活的各个层面，从基础的衣食住行到身体保健、心理调适，乃至精神追求，无所不包。在这些领域的每一个细节之处，消费者都在与这些品牌互动，使用着它们的产品。每个人内心都拥有一个独特且强大的品牌宝库，其中的品牌既各自独立，又相互呼应，共同构成一种难以抗拒的吸引力，宛如魔法般引人入胜。

我们看到这种分析方法扩大了我们的研究半径，挖掘出具有详细特性的平行品牌行业，这些行业也同时处于完全不同的垂直行业。一旦我们确定了一组合适的平行品牌，我们将深入研究它，完全不用担心突如其来的"灵感"会干扰我们品牌产品的发展方向，跨界的灵感可以让我们自由地采纳来自平行品牌的创意。我们的团队就是这样一群敏捷、用心的人，在平行品牌的世界探索用户不易觉察的独有特质和需求。

平行世界中寻求增长

最近几天，我看到一篇关于蕉下品牌部门调整的新闻，其中写道蕉下品牌进军冲锋衣品类，但销量不及预期。读完报道后，我问身边的朋友以及公司的同事，他们对蕉下的印象如何，蕉下出品的冲锋衣他们会不会购买。第一个问题，大家的答案几乎都是与防晒相关的印象，无出其右；第二个问题，基本上所有男生和绝大部分女生都持有否定的意见。

其实从表面上来看，防晒衣和冲锋衣都是服装品类，它们的生产制造逻辑基本相似，甚至渠道也有重叠。对蕉下这个选品的影响还有一个最主要的因素，就是在 2023 年，冲锋衣品类火爆，爆款思维会影响企业对产品的决策，甚至带入某些误区。这些选品真的适合企业吗？是否有内在的参考，影响着产品的市场表现？

带着这个问题，我从平行的思维简单剖析，其实不难得出答案。表面上它们属于一个品类，供应链也极为相似，但是真正决定其市场表现的还是消费者本身。防晒衣对应的大多是一种追求防护、安全以及保障特性的群体；而冲锋衣正好相反，它代表了冒险、突破以及探索的群体，两者在群体的感知特性上存在严重的冲突。显然，两者之间存在着较为矛盾的性格，这种特性对应到品牌上，会造成品牌理解的错乱。本意是希望扩展产品线带来销量增长，结果却严重影响了品牌发展，做了一个"不像自己"的决策。

平行品牌不仅是一个精妙的分析工具，它同时代表了一种独特的平行态度，甚至更深层次的，它体现了一种平行思维。这种平行态度，不仅关乎个人如何全面获取感知与功能信息，更在于企业如何巧妙运用品牌力量，采纳平行思维进行战略布局。在产品的横向扩展过程中，企业需要精心布局各类产品品类，确保它们之间的平行拉通与协调；同时，通过对平行品牌的深入分析，精准把握用户特征，捕捉用户需求的微妙变化，从而反向推动品牌品类的进一步优化拉通，实现品牌价值的逐步攀升。

产品线的多样化扩展

"双立人"作为一家全球知名的五金公司，主要设计生产厨房刀具类产品，塑造了可靠、优质、值得信任的品牌形象。通过对用户群体的深入洞察，它跨出自有品类，探索出一个更加宽广的、平行的产品品类。在此先讲一个小故事。

我们与双立人公司已经合作了很多年。有一天，双立人公司对于新产品开发感到迷茫，于是找到我们商量，希望能同我们一起，定义出全新的产品甚至品类。之前，双立人公司已经完成了刀具→锅具→厨具→红酒具的产品过渡，但始终将产品使用场景局限于厨房。我们帮助双立人公司从厨房移步到梳洗室，拓展全新的用户场景，最终定义并设计出"Beauty for Man"系列产品。这是一款专门为男性用户开发的，用于精修眉毛、鼻毛、胡须或鬓角的全黑色修容套装工具，之后又延伸出相应的金色女士系列产品。

我们帮助双立人公司构建出一个与高端刀具、高端厨具平行的高端个人护理产品品类闭环。请大家试想一下，什么样的用户会放弃便捷的电动剃须刀，而选择手动修剪胡须和毛发的工具？实际上，到了这个层面，用户需要的是产品为他带来的"尊贵感"和"仪式感"，而不仅是为了节省时间、追求便捷。而这款回归本质的产品，通过选用"摸得到的天然"的材质，以及采用具有昂贵朴素感的色彩，超出大众对修容产品的既往认知价格，达成了精英阶层理解的高端性价比。

每位选择双立人厨具产品的用户，都深信不疑地选择了我们新推出的Beauty系列产品，甚至持以坚定不移的态度。实际上，那些已经体验过双立人刀具的用户，对于Beauty系列产品展现出了更为浓烈的高价值追求。这种精准把握并拓展市场需求的能力，源于我们对受众深层需求和渴望的深刻理解，以及对双立人品牌强大赋能的坚定信心。

例如"始祖鸟"品牌，很多人觉得它是一个专业的顶级户外品牌。但我曾经说过，中年男人的终点有两个品牌："始祖鸟"和"林德伯格"。王石作为曾经的中国富商，在攀登珠穆朗玛峰时，就穿着"始祖鸟"品牌的服装，于是"始祖鸟"就火起来了。但是最近这十几年，除了"始祖鸟"，很多户外品牌陆续涌入中国市场，像瑞士的"猛犸象"、瑞典的"攀山鼠"、美国的"Patagonia"等。对于"始祖鸟"品牌来说，也是危机四伏。像"Lululemon"在某种程度上也与"始祖鸟"产生了竞争关系。有时，一个品牌始终垂直于一个品类的产品开发，是非常危险的。"始祖鸟"作为顶级户外品牌，也同样存在这样的风险。

双立人"Beauty"系列产品

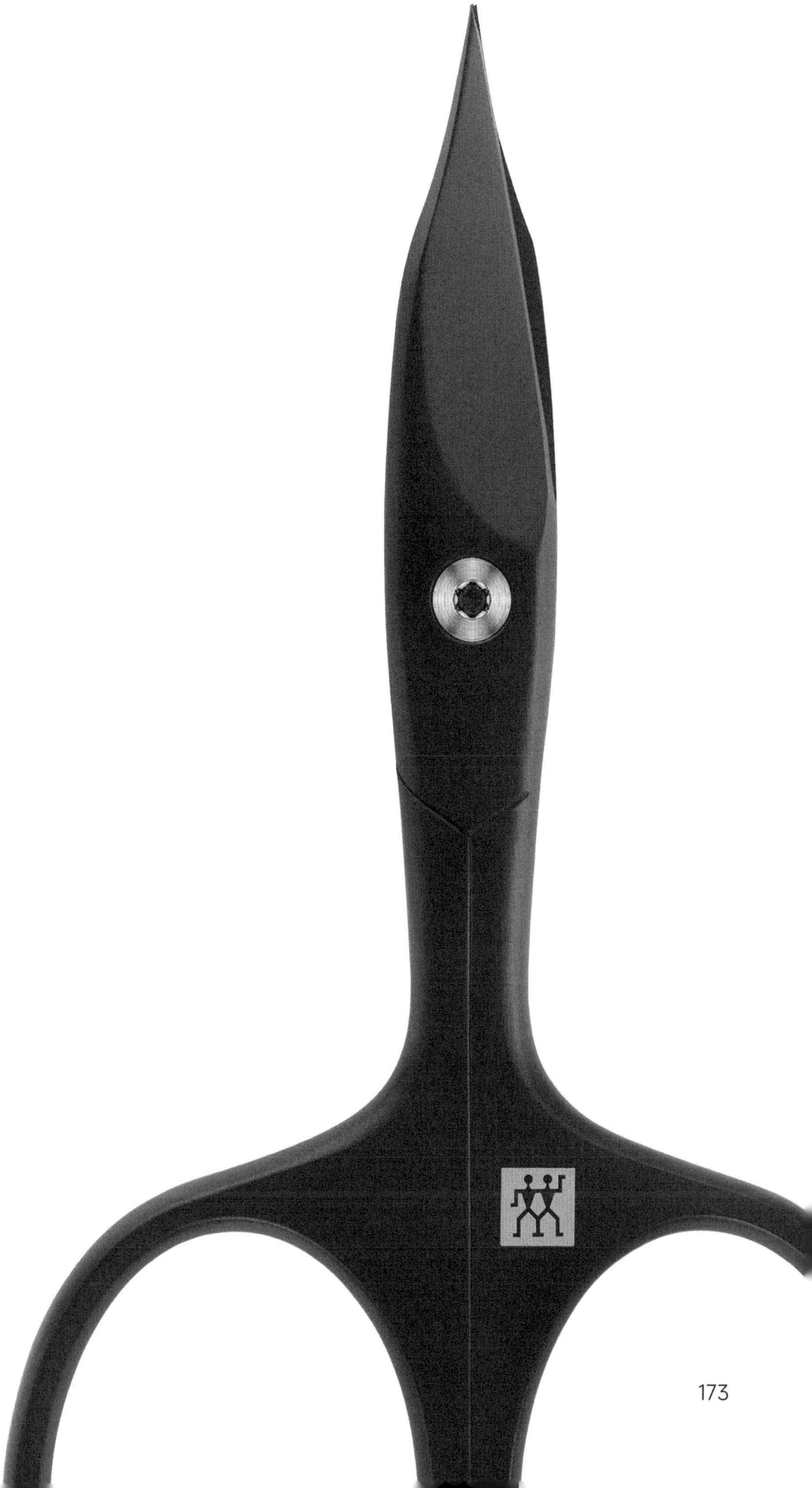

因此,"始祖鸟"这几年也开始注重品类的拓展。例如在滑雪方面,推出了滑雪服、滑雪帽、面罩、手套等,逐渐从登山徒步领域跨到滑雪领域,因为这是一个具有完全相同生活方式和生活性格的群体也喜欢的领域。不过,"始祖鸟"还有提升的空间,目前他们的产品多属于之前产品的衍生品,这步跨得还不算太大。如果按照平行品牌的思维,我觉得"始祖鸟"如果向高尔夫领域进军,应该也会有所建树。

再举个例子,如果"苹果"公司想跨品类,不光是计算机、手机,还能做什么呢?我思考过很多,它可以做服装。因为"苹果"是一个有很高审美标准基因的品牌,不是绝对科技属性的品牌。其用户大多是对科技、设计和美感有一定追求的人群。因此,如果"苹果"公司向服饰领域进军,也将是一个非常令人期待的事情。

企业、品牌如果能够洞察到足够多的可拓展品类,就相当于给自己的发展买了一个保险。此时,具有平行思维就显得非常重要。平行思维能够让品牌破局而出,探索出依然符合品牌原有目标用户需求的优秀产品。

始祖鸟品牌服饰

联名是平行思维的放大效应

如果说产品线扩展是一种品牌延伸的加法，那联名绝对是一种品牌延伸的乘法。所谓的联名，是对非竞争品牌的一种放大效应，可以说是呈指数级放大二者的优势。联名，字面上的意思是两个品牌名称的结合或联合署名。我们日常生活中的联名商品大多是两个商业品牌共同研制和发布一款包含两者特色的商品，它们具有相同的价值观，有相近的或者可以产生交集的用户。从品牌联名的角度来看，它们在相同的参考系下，具有相似的感知特性，从而在用户端产生一种共情效应。

举个特别典型的例子，华为手机跟保时捷设计（Porsche Design）联名推出华为 RS 系列手机，保时捷的很多车型也会有 RS 版本，寓意为"Rally Sport 汽车拉力赛"。首先，华为 Mate 系列手机是华为的高端商务机型，是一种偏向于商务职场的应用场景。在这种状态下，对效率的追求、对品质的追求是这类人群的核心诉求。Rally Sport 汽车拉力赛同样也符合这个气质，这种联名也体现了华为 Mate 系列手机追求极限性能的态度。"保时捷设计"参与多少工作我们不得而知，但这种联名的共赢效应大于真正的设计行为。现在，Mate RS 已经成为华为手机品牌的旗舰产品，为提升品牌形象作出了卓越贡献。

瑞幸推出的酱香拿铁更能说明问题。瑞幸咖啡品质不断提升，尤其是 SOE 小黑杯，我个人认为品质超过了星巴克咖啡。但瑞幸有一个巨大的问题：由于一开始采用市场营销的打法——低价战略，充 100 元送价值 80 元的券，用券又可以买很多咖啡，但与此同时，这也给瑞幸品牌带来了苦恼，即其在用户心中形成了低端的品牌形象。我们做过测试，询问："你喝什么咖啡，喝不喝瑞幸？"好多人一开口都是："瑞幸咖啡太难喝了，最差也

华为 RS 系列手机

瑞幸酱香拿铁

得喝星巴克吧。"作为一个资深的咖啡玩家，我觉得两者的咖啡质量没有太大区别，主要区别在于大家对两个品牌的认知，会认为瑞幸品牌低端一些。瑞幸找茅台合作，很多营销人站出来说瑞幸占了大便宜，明明是个平民品牌，却跟顶流品牌联名，平起平坐了。

当然，这只是表层现象。当我们深入分析其中的道理时，就会显而易见地感受到这次联名的成功。在我们执行的众多项目的用户研究中，在年轻人群体中经常会看到一个词——"早 C 晚 A"。最初的解释是早晨吃维生素 C、晚上吃维生素 A，但在年轻人群体中更加流行的解释是美酒加咖啡——C 是 Coffee 的首字母，A 是 Alcohol 的首字母。早晨一杯咖啡，晚上一杯小酒，原本看似无关的两种饮品，在这个群体的生活方式中联系到了一起。从品类角度看，这自然而然地弥补了之间的鸿沟；从感知角度看，两者又完美地实现了互补。还是从人群角度来分析，如果我们说将茅台酒卖给年轻人，或者将瑞幸咖啡卖给商务人士，你会觉得这显然是不可能实现的。但为什么最终会形成"酱香拿铁"这样成功的产品呢？从原动力角度来看，瑞幸一直以平价咖啡示人，缺少高价值标签，而茅台作为高端市场的代表，又正在尝试年轻化，正好与之互补。这些产品的目标群体都是都市青年，他们是一个带有巨大潜力的群体，是一个追求改变自身身份的群体，也是一个充满民族自信的群体。茅台作为中国奢侈品品牌价值的"一哥"，完美地符合这一条件；而这一群体较为年轻，普遍受过良好教育，对传统的酒桌文化并无太大兴趣，厌倦那种"正式感"和"严肃感"，而瑞幸又完美匹配了青年群体对"潮"的追求。做产品一定要从人出发，以人为中心，不是产品选择了人，而是人选择了产品。这是联名带来的优势，也是典型的利用品牌联名思维做品牌提升的例子。

建立属于自己的平行品牌库

平行品牌意识对于企业意义重大，极具创新价值。对于用户个体，平行品牌同样具有非同寻常的意义。在人人都是"发声器"的信息时代，每个人都有独一无二的消费主张，每个人都有对产品的需求，甚至深层认知与理解。而平行品牌则是展现个体特质的"肖像照"，也是个人魅力的"说明书"。

因为，从客观来讲，每个人都拥有自己的平行品牌库。虽然我们并无明显感知，但它是一个客观存在的事实。这个品牌库反映了个体在一定的时间和空间内，呈现的相对稳定的品牌和产品的喜好状态。从个人角度讲，通过用户的品牌选择、购买决策，可以勾勒出栩栩如生的用户画像。

我们正在构建一个涵盖 4000 多个品牌的庞大品牌库。只需在搜索栏中输入品牌名，如"SK-II"，你就能立即获取关于 SK-II 品牌的详尽介绍，包括其在林比克里地图上的精确定位，以及那些能激发正向情感的锚点，此外，我们还将提供一份 SK-II 的平行品牌库。这个项目并非以商业盈利为目标，而是旨在提升公众对品牌的认知，并帮助每个人更深入地了解自己，从而找到最契合个人需求的品牌。

比如，一个女生多年钟爱一个品牌服装，但之后穿腻了，却又找不到下一个契合心意的品牌。此时，平行品牌库就可以根据这个女生在衣食住行方面涉猎的品牌，帮助她了解自己的风格喜好，并直接得到一些服装品牌款式的建议。

平行品牌库代表的是一种生活主张，通过用户的品牌库，可以了解自我的意识状态。每个人都想在生活方式中找到独一无二的自己，如何选择品牌、产品，如何表达自己是什么样的人，选择什么样的生活态度？重塑对产品和品牌的认知，理性采取购买决策，都将是平行品牌库带给我们的思考。这一切都是有规律、有方法、有迹可循的。

同时，这个平行品牌库也一定会受到品牌方的青睐，因为可以帮助他们找到潜在的、真正的用户群体，精准推送品牌产品信息，并且是对用户有效、有益的。例如，输入了"Insta360"，就会将Patagonia、Quiksilver等作为平行品牌推荐给用户，因为他很有可能是冲浪和滑雪等极限运动的爱好者。

从企业角度讲，平行品牌库的作用也可以从两个方面来解释。首先，平行品牌可以在企业执行品牌动作的时候，为企业提供一个参考依据。我们经常谈到竞争品牌、差异化策略，竞争品牌通常只能告诉我们不做什么、回避什么，但它不能告诉我们要做什么，也并没有指导性意见，而平行品牌则可以告诉我们可以做什么。我们通过对用户的分析，建立起执行品牌策略的底层逻辑。其次，平行品牌作为参考系，帮助很多企业描绘出顾客和用户的样貌、性格，无须再去浪费大量的时间、精力、人力及物力去做重复的事情，由此衍生出巨大价值。例如，企业给卡车司机这个群体做产品的时候，直接可以使用平行品牌库，匹配符合卡车司机特质和需求的图表。其细致入微且真实的卡车司机数据信息，是带动产品创新的关键。

使用平行品牌库，极大节省了新产品开发的工作成本，提供了准确而又宝贵的用户信息，对个体、企业、整个产业都将赋予巨大的市场价值与社会价值。这是我们通过大量的实操项目，经过数年深刻的思考沉淀，创造出的令人感到非常兴奋和幸福的成果。

07

第七章
从分析到综合的场景化表达

我经常跟团队成员讲，2012年的某一天，我感觉自己的"任督二脉"突然被打通，有点儿像金庸武侠小说中的武功修炼一样。"通"的感觉就是意识到对行业的认知忽然豁然开朗。

在2012年回国之前，我很少做电视机、冰箱、洗衣机的设计。那时候在德国，我设计的都是一些"不插电"的产品，如家居用品、卫浴用品、厨房用品等，这些非常考验设计师的功力。设计原则往往是越简单越精彩，其背后的内容却越动态越丰富。

尽管我曾对世上的众多产品感到陌生，比如汽车、家电或是新兴的电子产品，它们都曾让我觉得深不可测。然而，到了2012年，在历经了无数的项目和产品的洗礼后，我似乎对这个世界和其中的人们有了更深入的理解。身为一名天生的设计师，一个热衷于设计与生活的人，我终于在某个时刻迎来了思维的融会贯通。过往的所有经历如涓涓细流，最终汇成大河，在我的思维中奔腾。面对那些曾经陌生的产品，我豁然开朗，发现它们之间其实共享着相似的结构和原理。

这与老子的思想不谋而合："一生二，二生三，三生万物。"设计之道亦是如此，万物并非孤立存在，从某种视角看，它们都是相互关联的。比如，我们用钢铁制造汽车、建造房屋，也用它来打造餐具；无论是家中的门、故宫的宏伟门洞，还是衣柜的小门，都是通过铰链来实现开合的。随着知识的积累，我对世界的陌生感逐渐消散。如今，我能够穿透纷繁复杂的表象，洞察到事物间相似的结构、材料和基础逻辑，一切复杂变得简单明了。

从被"打通"的那刻开始，我变得很勇敢。在接受任何项目的时候，我会直接告诉甲方："这个东西虽然我没做过，但是如果我认为能做，就会做得很好。"因为设计原理很简单，甚至我可以指出这类产品在之前可能存在哪些使用问题。我们看到的不仅是物体表象，而是能看透物体的内核，这是设计师在具备丰富经验后所拥有的宏观视角及专业能力。就像一只杯子，我们不仅要把它看成一个器皿，更要理解并解构器皿这个品类的所有问题。

我记得被称为"中国工业设计之父"的柳冠中老师曾在2003年到学校演讲，对当时懵懂的我产生了巨大的影响。他较早地提出，"永远不要用名词去做设计。"我们所接触到的东西永远是一个"事件"，而不是一个孤立的"事物"。一只杯子并不重要，重要的是要了解喝水这一行为事件。至于最后设计出来的是水袋还是水瓶，都无关紧要。如果一开始就定义要设计一只杯子，那么注定会限制我们的思维，失去更多的可能性。设计师必须具备宏观、综合看待事物的视角和能力。

"无"中生"有"

很多客户经常谈到要做一个爆品,其实这跟产品定义有着深厚的关系。"爆"是指将一个点瞬间膨胀爆炸开来,然而,产品定义则一定是以点及面,三生万物的,需要具备场景化的综合系统思维模式。在经典的设计模型里,功能被用来满足需求,例如,把米煮熟需要加热,但加热的方式可以是用柴火、蒸汽、电磁,也可以是其他方法。如果做一个电饭煲,其理念是用柴火煮饭,那就需要为这个理念负责,并想办法说服客户接受用柴火煮饭的理念。毕竟,在今天,用柴火煮饭在技术上被视为一种倒退。一个优秀的产品定义者,会把目标受众、使用情景、产品功能,甚至商业模式的整个闭环都考虑周全,告诉客户如何体现"柴火"的特色,抽象出柴火煮饭的加热曲线,用合适的设计语言表达出"烟火气",并通过"好米配好锅"的理念来打造商业价值。在产品定义的思维方式下,我们不仅要思考电饭煲本身,更要思考"煮饭"这件事情,甚至在必要情况下要研究关于"吃饭"这件事的整个场景。

所谓的"无"中生"有",是从产品定义者的角度出发,结合场景需求来创造产品的使用价值。面对一个关于锅的项目,我们需要问自己:现在家家户户中的锅是不是都能用,是不是每天都在用?答案显然是肯定的。那么,在锅已经能用的情况下,我们还能做些什么呢?"生有"是产品定义者应该具备的能力,这意味着产品不仅要能用,我们还要让它变得更好用。

在与凌丰合作的项目中,我们的目标是重新定义一款普通的产品——压力锅。虽然这类产品大家已经司空见惯,且普通用户很少抱怨压力锅难用,但它就这样普普通通地存在于千家万户中。然而,我们面临的问题并不简单。因为现在的锅已经能用,所以用户最在乎的是什么?我们应该去改变什么?能做出多么颠覆性的创新?面对这些问题,我们需要保持一种"无"中生"有"的心态,坚信自己一定能做出一些改变!

在这种大背景下,我们把压力锅的结构拆解为锅盖、锅体、把手等几个部分。把手用于取放锅具,"盖滴"(锅盖的把手)用于提起锅盖,锅身则用于盛放食材,每一组件都是锅的组成部分,需要实现其对应的功能。

产品设计的突破有两个方向。一个方向是对锅的各个部件进行优化,例如思考如何赋予"盖滴"新的功能,如何让把手变得更好用等;另一个方向是将各部分重新组合,我通常把这种方式称为"改变产品的布局"。重新组合的好处在于能够让产品变得更加简洁,从而使其变身为一个新物种。

之前的锅可能由五个部件组成,但现在的凌丰压力锅在总体上只由两个部分组成:一个是上面覆盖着塑料的锅盖,另一个是下面的不锈钢锅身。产品的元素越少,给消费者带来的信息量就越少,这使解读产品的速度变得更快。整个产品的轮廓因此变得更加清晰,人们可以在很短的时间内就记住凌丰出品的这款压力锅。

凌丰压力锅原本的"盖滴"只是一个用来提起锅盖的小结构，但在我们的新设计中，它具备了新的功能：在旋拧的同时可以调节压力锅的蒸煮压力。中国人对食物的口感要求很高，肉质过烂或过硬都不被接受，不同的食材需要不同的压力值来烹饪，例如，焖鲍鱼需要 90 千帕，煮牛肉则需要 60 千帕，而炖鸡肉需要保留一定的嚼劲，不能太软，因此只需 30 千帕。

手握"盖滴"，盖上锅盖，然后顺势旋拧以调整到所需的压力值，整个动作一气呵成。这款压力锅虽非电压力锅，却实现了比电压力锅更加便捷的操作流程。

我们将所有功能都集成在了锅盖上，锅盖与锅身的把手在设计上融为一体。锅盖两侧配备有两个不锈钢卡子，当旋拧"盖滴"至 0～90 千帕的任意位置时，这两个不锈钢卡子会自动伸入锅体内部，将锅盖与锅体紧紧扣住，给人一种"非常安全"的视觉感受。此外，在整个使用过程中，用户不会接触到任何发热的金属部分，避免了烫伤的风险。

凌丰压力锅的"盖滴"设计

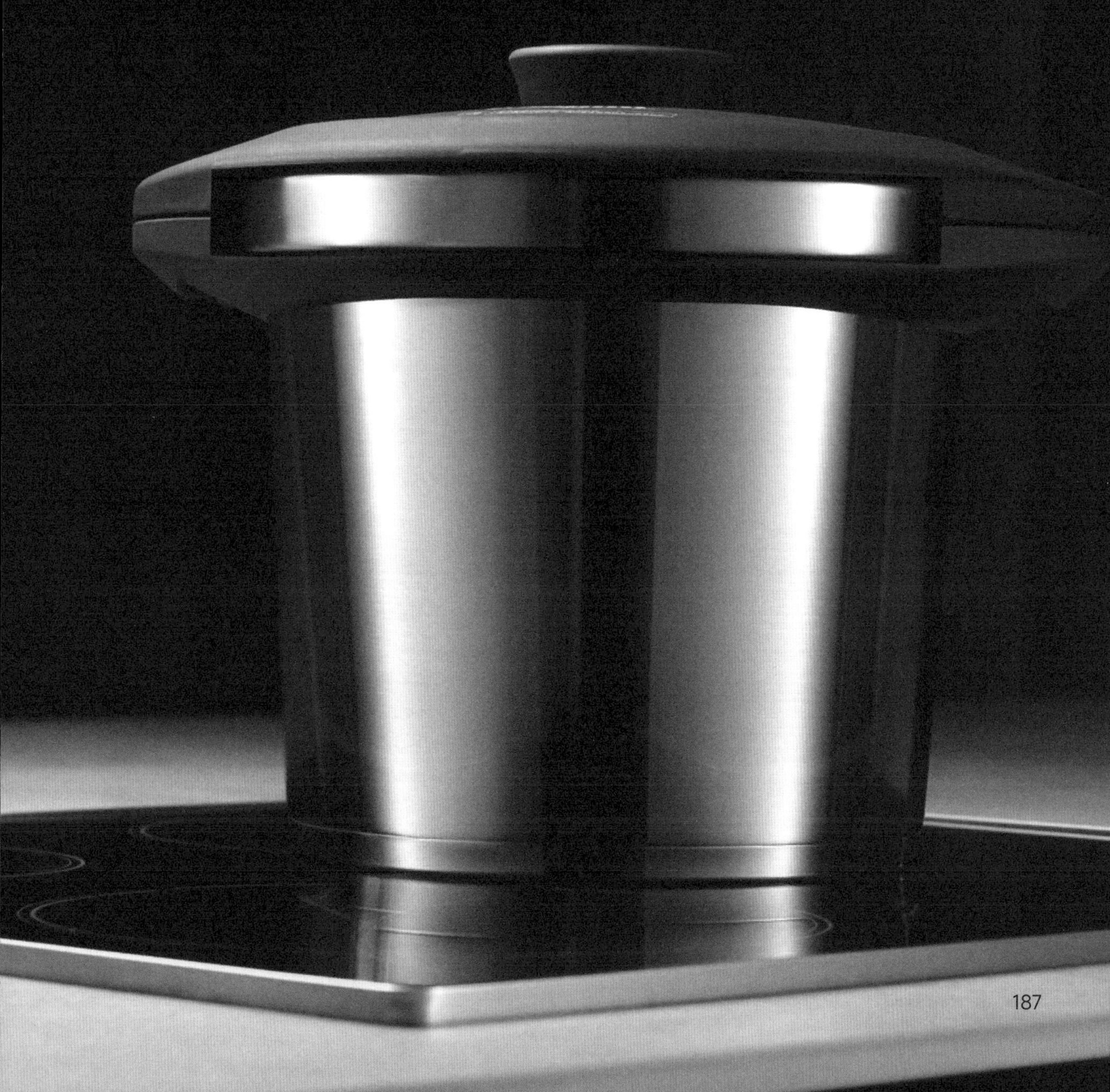

例如，索尼有一款电视机，型号为 XBR-X900B，这款电视机两侧配备了两组高、中、低音喇叭。以往人们购买电视机时，还需要在旁边配置一套家庭影院，以确保有优质的音响效果。然而，当索尼这款电视机问世时，它在全球引起了轰动，因为它将具有家庭影院性能的音箱直接整合到了电视机上，一眼望去就能明白，购买了这款电视机后，无须再额外购买音响设备，从而大大减少了家庭影院对客厅空间的占用。这样的产品定义深入人心，真正满足了用户的需求。这款电视机在产品设计上采用的方式就是重组整合，对家庭影院的"视"与"听"进行了重新组合，展现出了大胆的创新精神。

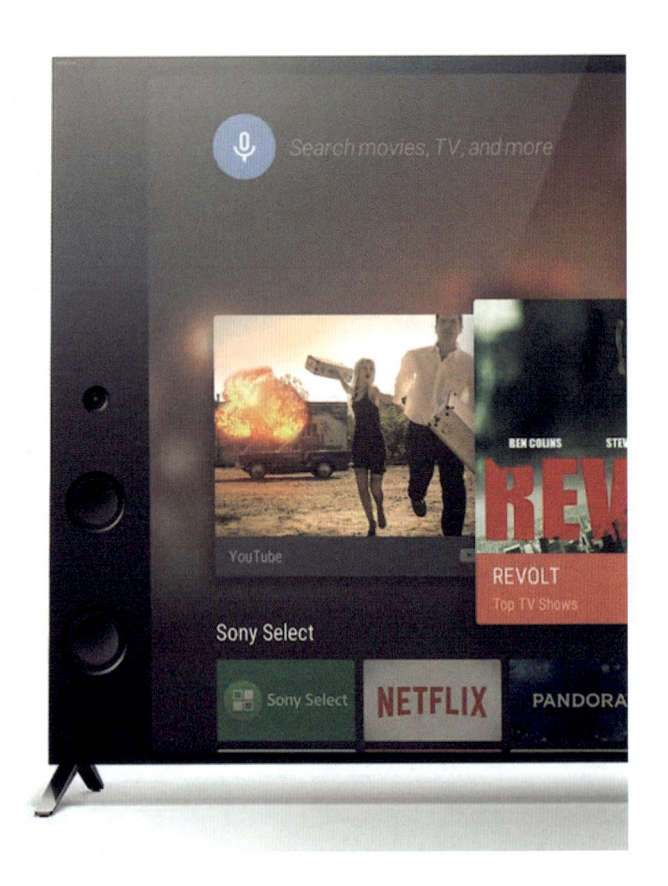

索尼 XBR-X900B 电视机

我时常对年轻设计师说，只要掌握方法和思考逻辑，做设计就会很简单，也很好玩，无论如何都能设计出一些东西，并可能发现这些东西对于这个品类而言就是一种创新。例如，日本设计师原研哉对卫生纸的再设计，只是将圆形纸筒变成了方形纸筒，就在存放时节省了空间，解决了一个小小的痛点，这也是一种创新。

运用场景化的设计思维，可以帮助我们在设计产品的过程中，甄别设计的狭隘与局限，因为大部分设计师有时只会专注于功能、造型，而完全忽略了产品在各个场景下的无数可能性。需要强调的是，即使是最简单的产品，也要考虑其使用场景的多样化以及多维度的影响因素。我们需要把产品放在具体场景中进行广泛、深入的分析研究，利用综合系统思维来进行场景化表达，从而做出正确的产品定义。

原研哉设计的卫生纸

置身于世界

在探讨综合系统思维与场景化表达的深度融合时，我们不妨从我在德国设计学校的一段经历说起。在那里，我有幸遇到了一位特别的老师——他不仅是我们的老师，还身兼德国电信的设计总监。在德国设计高校中，90%的教师几乎不在学校坐班，他们往往兼任大企业的CEO或设计总监。这些教师拥有宏观的格局及敏锐的思维，令学生受益匪浅。当时有一个项目，是为路虎汽车设计配件。我跟老师沟通的时候，他提出的观点是学生难以接触到的；他的思维方式是典型的场景化方式——不是就一辆汽车的配件而做一辆汽车的配件，而是思考人在露营的生活场景及需求。想象用户开一辆路虎汽车去野外露营，如果需要洗澡或其他一些生存需求怎么办？最后，我们做了野外沐浴的配件：在车顶设置一个扁平水箱。夕阳西下的时候，水箱经过了一天的阳光照射，让人们能在野外也洗上热水澡。对于没有太阳的情况，水箱还可以通过篝火加热。这是十年前的设计思维和思考方式。路虎露营洗澡的设计思维，就是对生活场景化的还原，挖掘人与物、物与物、人与人的关系，充分表达了产品与用户以及环境的场景化。

这种看待事物的综合视角和思维方式不仅提高了我的设计能力，而且对于建立宏大的世界观具有重要帮助。如果我们面对的设计对象都是一样的，比如设计一个烟灰缸、一张桌子、一辆汽车，那么分析研究设计对象与环境以及其他物质的关系才是根本。现在设计师最缺乏的就是这一点：做一个杯子，想到的只是杯子，没有想到任何关系——在宇宙中没有任何一个东西是独立存在的。我们面对的设计对象可能相同，但真正有区别的是设计对象和它的环境以及其他场景的关系。具备综合的系统思维，能够进行各种关系的场景化表达，这才是更重要的。

我成功地习得了关注物与物、物与人、人与人之间的关系，而非仅关注物本身，这种关于关系的系统思维已经涵盖了大部分设计方法。我非常幸运，在求学阶段有幸遇到这些老师，让我更新了看待世界的角度以及思维方式。

路虎汽车露营配件

"综合"构建系统思维

在设计领域，分析法与综合法均占据重要地位，其中，综合法，这一与分析法截然不同的方法，又常被称为"系统思维"。接下来，我们将借助一系列生动案例，深入探讨如何巧妙运用综合法来构建系统思维。

分析法，顾名思义，是将产品的整体结构拆解为零部件，并进行逐一还原的过程。它侧重于从产品的使用功能和用户体验出发，将功能视为设计的核心要素，以此为基础深入研究产品，并进行精准的产品定义。例如，在西医的靶向治疗中，针对患者的肿瘤，医生会采取手术摘除长有肿瘤的器官，或者利用先进的靶向药物精准杀死特定器官中的癌细胞，这种针对性的解决方法便是分析法的典型应用。再如，罗技鼠标的设计也体现了分析法的精髓。传统的鼠标设计往往扁平，长期使用易导致腕部疲劳，甚至引发"鼠标手"问题。罗技基于人体工程学原理，重新分析并研究了多种手握鼠标的形态，最终设计出最符合人体工程学的鼠标，有效解决了使用痛点，实现了产品的升级与替代。然而，分析法也存在一定弊端。在罗技鼠标的案例中，设计师过度聚焦于"鼠标设计"本身，虽然产品细节得以完善，但却忽略了产品与周边环境的关联。因为，在现实世界中，没有任何物体能够孤立存在。分析法的问题在于，它倾向于将事物拆解后再进行优化，如解构自行车、解构鼠标等，但这种方式往往局限于产品内部，导致大量精力被投入到现有部件的优化上，难以实现突破性的创新。

与此不同，微软在鼠标设计上另辟蹊径。微软将鼠标的使用场景从固定的桌面环境拓展到了更为广泛的移动场景。在这一思路的指引下，微软设计出小巧且能折叠的鼠标，既保证了良好的人机交互体验，又极大地提升了产品的便携性，从而创造了全新的使用场景和方式。正因如此，罗技在便携鼠标领域一直难以推出像微软 Surface Arc 鼠标那样令人惊艳的创新产品。

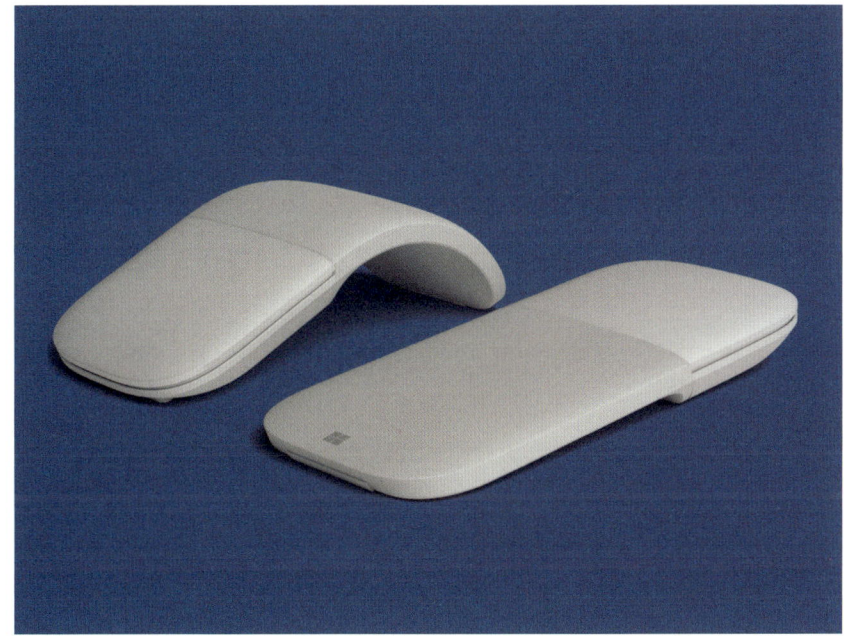

上：罗技人体工学鼠标
下：微软 Surface Arc Mouse

产品定义是一个高度综合的过程，远非简单的工业设计所能涵盖。工业设计只是产品定义中的一个重要环节，产品定义者需要全面考虑市场环境、目标用户、产品基础、技术路线以及产品的生命周期等多个维度。

而综合法，则是一种通过"构建"而非"分解"来解决问题的思维方式，它侧重于处理物与物、人与物之间的复杂关系。综合法从外部环境出发，研究产品与周边环境的潜在联系，探索产品与使用者日常生活的交融点，并寻求产品、使用环境与人之间的和谐平衡。例如，中医便体现了综合法的精髓。与西医的头痛医头、脚痛医脚不同，中医强调五脏六腑之间的内在联系，通过把脉来洞察全身经络的状况，认为身体各部分相互关联、牵一发而动全身，构成了一个综合且复杂的系统。同样地，在设计领域，一只鸟的特征可能是生态系统的一部分，一个人的认知可能是文化属性的一部分。我们将设计元素及其共同实现的功能视为一个"系统"，而采用综合法的思维模式便是系统思维。判断一种思维是否属于系统思维，可以依据其是孤立的还是连接的，是线性系统的还是非线性系统的，是静态的还是动态的，以及是实际系统的还是一系列事物的简单集合等多个方面。

系统思维的显著特征是连接性。产品不仅承载着人与人之间的动态交互，还嵌入了一个非线性、不确定的复杂系统中。在这个系统中，事件被视为由众多复杂动态部件相互作用而产生的结果。系统思维将人物和事件整合为一个有机整体，这个整体的力量远超各部分之和。它提醒我们，不应仅关注单个组件，而应着眼于整个系统及各部分之间的相互关系和连接程度。

通过综合法构建系统思维，我们能够将产品的各个部分有机地融入一个整体的场景中，并深入阐述产品外形、功能以及场景之间的内在联系，从而全面而生动地展现事物的全貌。

手摇磨

熊与杨品牌的"武士手摇磨",其产品设计精妙地诠释了精品手磨咖啡的高级场景化理念。它如同居室中精心摆放的花瓶与椅子,虽为日常物品,却能在使用过程中赋予人们深层的愉悦感受。然而,不同于一般的手摇磨产品,它并未止步于满足基础功能,而是追求更高层次的表达。

在我的设计生涯中,曾长期致力于满足客户需求,为他人量身定制产品。而当着手打造自家品牌"熊与杨"的产品时,我深思熟虑如何赋予"武士手摇磨"更卓越的产品定位。它不仅是一款实用的手摇磨,更是一个富有故事与情感的场景象征。

"武士手摇磨"的命名灵感源于静与动的和谐统一。武士,这一称谓代表着内外兼修的精神境界。他们内心沉静如水,专注于信念追寻;而外在行动则迅疾如风,刀法精确无误。这种静动相融、内外合一的精神特质,正是"武士手摇磨"所追求的产品哲学。

此产品拥有两种独特状态,彰显其不凡魅力。在静置时,它宛如一件艺术品,以经典、简洁、低调的轮廓示人,不张扬却令人过目难忘。人们愿意将其置于书架上与书籍为伍,或者摆放于置物架上与古董唱机、黑胶唱片共同演绎和谐之美。其静谧的存在感为空间增添了一抹宁静与雅致。

而当使用时,"武士手摇磨"则展现出另一种风采。它仿佛武士挥刀般利落干脆,每一个细节都透露出精准与匠心。其锐利的线条与细腻的表面质感相结合,让人在使用过程中感受到一种独特的愉悦与满足。

为了打造这一卓越产品,我们深入挖掘静与动的哲学内涵,并将其融入产品设计的每一个细节中。从轮廓的构思到质感的呈现,无不体现出我们对精致生活的追求与对美好事物的敬畏之心。

因此,"武士手摇磨"不仅是一款满足咖啡爱好者需求的手磨工具,更是一种生活态度的体现、一种审美追求的象征。它让人们在忙碌的生活中找到片刻的宁静与享受,让咖啡的冲泡过程成为一种极具仪式感的场景体验。

"武士手摇磨",一款由把手、导豆环、主体、34刻度粗细调节器及磁吸粉杯精致组合而成的咖啡研磨神器,其设计匠心独运,将把手、盖子和摇杆三者功能完美融合,形成一体化结构,简约而不简单。在追求外观简洁与轮廓清晰的过程中,我们极力精简组件,避免过多元素导致的视觉烦杂,确保整体性和雕塑感的完美呈现。

调节器与点式磁吸粉杯的设计相得益彰,不仅功能匹配,更展现了机械理性与克制之美的完美结合,深得包豪斯"形式服从功能"的设计精髓。使用过程中,手握柱体在重力作用下自然下滑,至漏斗式喇叭口下方时巧妙限位,握持感极佳。同时,上大下小的漏斗形导豆环设计,使倒入咖啡豆的操作变得轻松自如。

在细节方面,我们同样不遗余力。刀盘直径经过精心调整,既保证了主体的粗细适中,又兼顾了人体工学与握持舒适度。刻度巧妙隐藏于调节环内壁,保持外观的极致简洁。整个造型基于结构、功能及场景需求自然而成,无一丝多余装饰,尽显设计师的匠心与品位。

粉杯的固定方式采用磁吸设计,相较于传统的螺口固定,更加高效便捷。旋转调节环时发出的清脆声音,仿佛转动保险柜密码旋钮时发出的悦耳声音,传递出高效与精准的产品设计理念。对于精品手冲咖啡爱好者而言,冲泡过程的场景化体验至关重要,因此,我们在设计过程中充分考虑了影响人的五感因素，力求打造一种极具治愈感的冲泡场景。

在这个追求极致的时代，熊与杨的"武士手摇磨"以精密细微的质感与极致安宁的使用感受，为产品场景乃至场域注入了高级感。无论是咖啡爱好者还是设计鉴赏家，都能在这款产品中感受到优雅与率性的完美融合。而这种融合背后所蕴含的深邃与微妙之道，正是我们不断追求创新与人文关怀的源泉所在。

武士手摇磨产品图

武士手摇磨爆炸图

武士手摇磨细节图

阿丽塔

阿丽塔系列，作为"威法全屋定制"的前瞻性产品，凭借其"节省一百平方米空间"的场景化设计理念，深刻诠释了综合构建的思维模式。在中国房地产长期高速发展的背景下，北上广深等一线城市的房价已与国际大都市的房价不相上下。因此，在空间规划时，我们必须首先考虑社会因素。鉴于每平方米空间的珍贵，我们的产品旨在通过巧妙设计，使十平方米的空间发挥出二十平方米的功能，从而赢得用户的青睐。

遵循这一理念，我们着手定义了"威法·阿丽塔空间"项目的产品内涵，这并非传统的工业设计项目，而是一次对空间和产品集群的全面定义。通过与高端定制家居行业的紧密合作，我们从实际场景出发，深入洞察当代都市人的心理需求。我们力求在产品设计中实现空间的多变性，满足用户在不同场景下的需求。在与威法团队的深入交流中，我们共同提出了以"空间变化"为核心的产品定义路线。

在项目启动之初，我们将其命名为"剧场"，意在强调生活场景的多样性与戏剧性。无论是家人围坐餐桌共享美食，还是饭后辅导孩子做功课，抑或周日与亲友品茗闲聊，每一处空间都承载着丰富的功能与情感。家，便是我们演绎生活的舞台，在有限的空间里，我们可以尽情演绎不同的生活情景剧。

威法的杨总，一位极具洞察力与睿智的领导者，在听取我们的汇报后，灵感乍现，决定以他钟爱的电影《阿丽塔》的名字来命名这一系列产品。阿丽塔，这位好莱坞电影中的美丽机器人女战士，不仅拥有出众的颜值和聪明才智，更能在关键时刻以强大的战斗力保护她的伙伴。这一形象与我们产品的核心理念不谋而合——在有限的空间内，提供无限的可能与保护。

"Skyline"透明电视机概念图

阿丽塔系列涵盖了客厅、书房、厨房等多个空间，其中，客厅空间中的"Frame"置物格架尤为引人注目。以一套250多平方米的房子为例，尽管家人共享这一空间，但不同的活动区域仍需要有所区隔。在80平方米的客厅中，"Frame"置物格平时可作为展示主人心爱之物的陈列架，摆放心爱的纪念品、雕塑和摆件。而当需要使用智能家居功能时，"Frame"置物格可向左、右移动，露出下方的短焦投影激光电视机和背后120寸的巨幕，瞬间将客厅变身为高端的家庭影院。

许多拥有三四百平方米豪宅的业主都渴望在家中打造一间影音室，仿佛这已成为一种标配。然而，他们往往在入住后感到后悔，因为大多数情况下，他们还是会选择与家人一起前往影院观看新上映的电影。这导致家中的影音室虽然拥有率高，但使用率却极低。我们的设计巧妙地将这一使用率的功能融入客厅空间，在需要时通过大屏幕提供专业影音室的观影体验，从而重新定义了客厅的功能与价值。

此外，为了促进家庭成员间的情感交流，我们还为"阿丽塔"系列设计了"Skyline"透明电视机，它被放置在客厅与餐厅之间，既作为两个空间的分隔，又通过其双面显示的功能将家人紧密联系在一起。当老人带着孩子在客厅看电视时，女主人和男主人可以在餐厅一边准备晚餐，一边观看电视节目。这样的设计既保证了空间的独立性，又实现了家人间的无缝沟通。

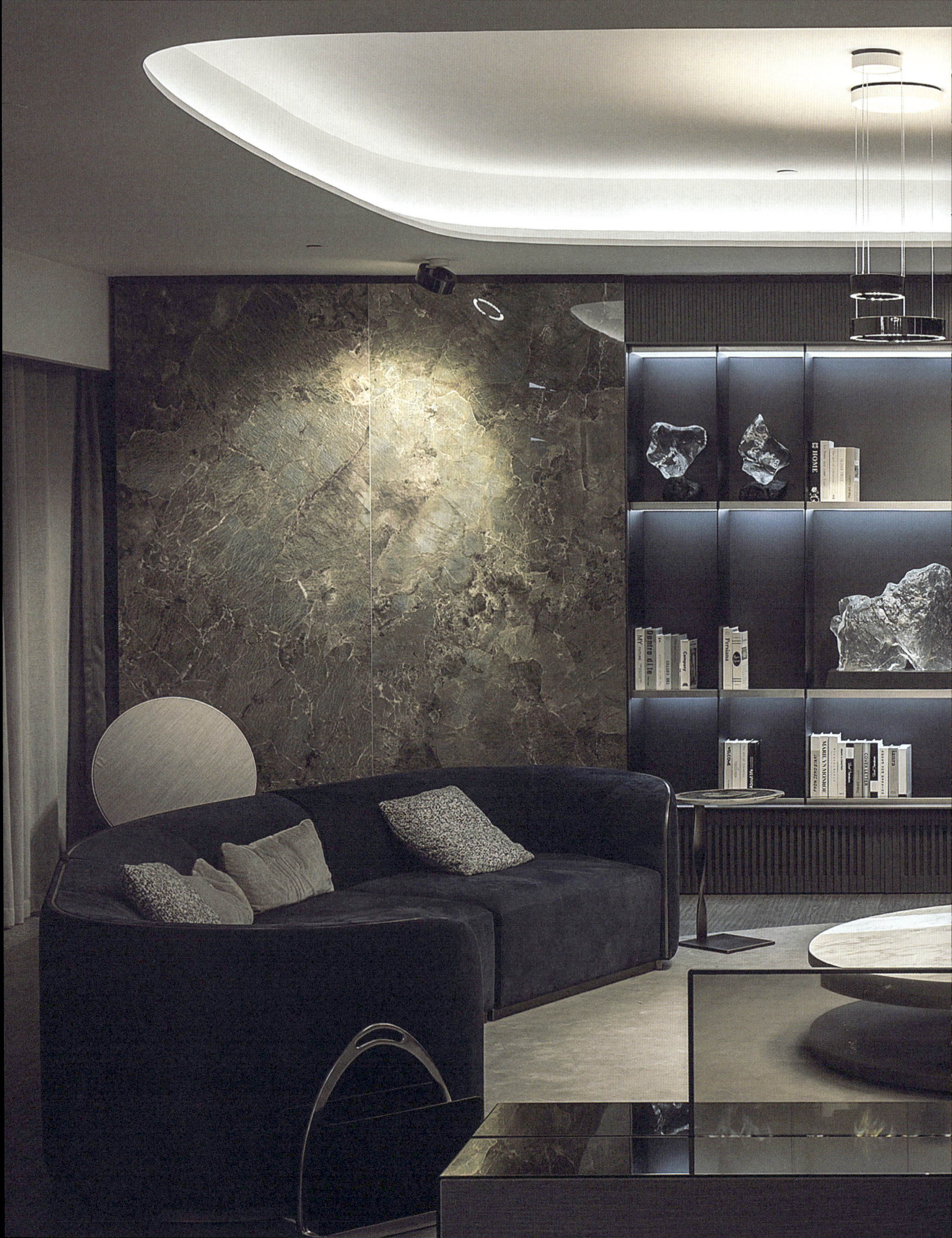

阿丽塔系列装修效果图

08

第八章
SO,DO!

SO,DO，蕴含着丰富的意义。S 代表 Story，融合了宏大的故事框架与细腻的场景描绘；D 即 Design，彰显设计的巧思与匠心；O 则是 Opportunity，捕捉每一个转瞬即逝的灵感与机会。三者交织，构成了我们所说的"设计与故事"的核心理念。这不仅是我推进项目的基石，更是将多元设计思维融为一体的归宿。它要求我们不断创新，深入洞察，追求卓越，并时刻保持丰富的想象力。

产品，绝非仅是一个物品，其背后往往蕴藏着引人入胜的故事。这些故事或许讲述了创业者如何披荆斩棘、追逐梦想的历程，又或许展现了设计师如何倾注心血，为产品注入独特灵魂的瞬间。正是这些故事，让产品焕发出温暖与活力，不再是冷冰冰的物件。它们如同纽带，紧密连接着产品与用户的内心，使每一次互动都显得意义非凡。

产品的故事同样由其所处的多个场景共同构建，就像情侣间的约会，由共进晚餐、观影、旅行等甜蜜片段共同编织成他们的爱情故事。我们的目标是在每个场景中巧妙地融入设计的机会点，让设计在满足功能与体验需求的同时，也成为产品的亮点和卖点。这些卖点汇集起来，便构成了产品的"大故事"，即产品的营销故事。

我常常将产品经理比作电影导演，产品的诞生过程就如同电影的拍摄过程。要想打造一款出色的产品，我们需要精心构思产品故事的起承转合，确定故事的主线——即产品的核心卖点，同时巧妙安排故事中精彩的小桥段，这些就相当于产品的附加价值和附加卖点。

会说话的产品

产品拥有其独特的生命轨迹,它们的全生命周期由众多不同的场景共同编织而成。想象一下,当你踏入 Apple Store,被那些被誉为"天才"的销售人员热情欢迎,那种初遇的体验便与众不同。当你打开 iPhone 的包装盒,轻轻掀起盖子,盒子下部便匀速下降 1.5 厘米,为你演绎一种别样的开箱仪式。又或是当你想要放松片刻,打开 iTunes(现今的 Apple Music)聆听心爱的音乐;在迷失方向时,利用 iPhone 的导航软件找到归途;第一次用 iPhone 实现网上购物,替代了传统的计算机购物方式;甚至用 iPhone 记录每日行走的步数和消耗的热量,关注自己的健康。这些场景,共同构建了 iPhone 丰富多彩的产品故事。

SO,DO 的核心理念在于全方位、系统地思考产品故事,这不仅包括产品本身,还涵盖了产品的使用场景,乃至由此衍生的商业模式。苹果公司不仅成功打造了如 Apple Music、App Store 等盈利模式,还助力了贝尔金、ANKER 等知名品牌的发展,为手机、计算机周边配件市场注入了新的活力,共同构建了一个繁荣的产品生态。

再来看世界著名的制笔企业"辉柏嘉",他们年产高达 22 亿支铅笔。作为一个对笔类极度热爱的人,我深知每一支笔背后都蕴含着无数的故事和匠心。我曾有幸获得辉柏嘉御用设计公司 Heinrich Stukenkemper 的工作邀请,面试时,Stukenkemper 先生向我讲述了"Grip 2001"铅笔的设计过程,那段经历至今仍让我倍感荣幸。

辉柏嘉曾通过深入调查发现,孩子们在写作业时常常有咬铅笔的习惯,这让老师和家长忧心忡忡,担心孩子会吞下有毒物质。为了满足市场需求,大人们往往为孩子挑选朴素的原色铅笔,然而孩子们却对色彩鲜艳的铅笔

辉柏嘉 NATURALS

情有独钟。正是基于这样的洞察，1990 年，辉柏嘉推出了不含有毒物质的环保铅笔，并迅速在市场上走红。

  从人类的认知角度来看，树木的天然形态是圆柱形的，因此铅笔最初也被设计成圆柱形的，这似乎是受到了树木原始形态的启发。传说在现代铅笔出现之前，意大利人就是将原木棒挖空，然后插入石墨棒来制作铅笔的。而从技术层面分析，在工业时代初期，由于批量生产机械的种类相对有限，车床等简单机械只能将铅笔大规模加工成圆柱形。然而，那时的产品受限于生产资料和加工工艺，更多的是受到制造工艺的驱动，设计和人文关怀往往被忽视。

辉柏嘉的第四代继承人洛塔尔·冯·法贝尔（Lothar von Faber）通过创新性地切削圆柱形铅笔的边缘，发明了不易从桌面上滚落的六棱柱形铅笔，这一创新使辉柏嘉一举成名，成为德国优质铅笔的代名词。

而"Grip 2001"的设计更是从人体工程学出发，细心观察到人们在使用铅笔时，主要是通过大拇指、食指和中指进行握持。因此，设计师巧妙地在原有圆柱形铅笔的基础上增加了三个贯穿的平面，使这三根手指能够更稳固地握住铅笔。这种三棱柱形的设计不仅让握笔更加舒适、稳定，还减少了铅笔从桌面上滚落导致笔尖摔断的风险。在银色的笔杆上，我们还可以看到每个平面上都用无毒油漆印刷了两排小凸点。这些看似微不足道的设计实则蕴含着设计师的匠心独运：它们不仅引导使用者掌握正确的握笔姿势，还能在书写时起到防滑的作用，并且让使用者对剩余铅笔的长度有更直观的感知。

辉柏的嘉三棱柱形铅笔

故事涌现

　　设计师不仅需要具备专业技能和创造力，更应拥有一种将抽象概念具象化的能力。这种能力使他们能将抽象理念转化为具体的设计语言，通过每一个精心雕琢的设计细节，讲述引人入胜的故事，让作品不仅成为视觉盛宴，更能触发情感共鸣，启迪思想，从而为产品赋予更深层次的意义和更持久的影响力。

　　COLMO 空气站，作为 COLMO BLANC 高端系列的立式空调，售价超过两万元，是这一价格区间的热销产品。接手此项目之初，我们便思考：能否用一台超越传统定义的空调产品，来诠释高端家庭生活的真谛？从品类认知的角度来看，在消费者心中空调通常是调节室内温度的电器，而我们面临的却是一款全新的、集空气管理功能于一体的高端创新产品。因此，我们不能再将其简单地称为"空调"，因为仅提供冷暖调节功能，已无法满足用户对高端产品的期待。如今，售价两千多元的空调也能实现这一基本功能。

　　那么，如何构思这款产品的故事呢？首先，我们要深入研究 COLMO BLANC 系列产品的目标消费群体。我曾直接询问 COLMO 的设计总监，这款作为中国最高端的家电产品，究竟打算面向哪些消费者？他毫不犹豫地回答："独角兽企业的 CEO。"这是一个精炼且富有深意的回答。一般来说，独角兽企业所处的领域往往非常前沿，如新能源、人工智能、生物医药等新兴高科技领域。这些企业的 CEO 通常具有崇尚科技、重视逻辑与理性的特点。他们成功的关键在于理性决策，对待产品同样要求严谨，功能上一丝不苟，不容马虎。

　　然而，我们也发现了许多有趣的现象。例如，王石攀登珠穆朗玛峰、

COLMO 空气站产品图

周鸿祎聆听音乐会，或者雷军参观画展。在工作之余，这些科技领袖对生活、艺术的追求同样显而易见。正所谓"缺什么补什么"，在内心深处，他们对艺术、对美、对一切感性事物都充满强烈的好奇心和敬畏心。经过一系列的调研与访谈后，我们为其精心打造了一个耐人寻味的产品故事——"理性的雕塑"。理性无须多言，"雕塑"则代表艺术。"理性的雕塑"强调艺术创作中的逻辑性与思考过程，追求清晰有序的审美体验。它有别于那些仅凭直觉或感性认知创作的作品，而是深深植根于数学与几何的严谨原则，展现出一种既精确又和谐的视觉盛宴。我们期望通过这款产品，为目标用户完美融合理性智慧的功能与感性卓越的艺术品位。

接下来便是"DO"的阶段，具体来说就是设计环节。如何通过空调的显性外观来展现高端、理性与艺术呢？为此，我们进行了激烈的头脑风暴和深入的桌面研究，搜集了世界上几乎所有的能反映高级、奢华、理性、逻辑、艺术等关键词的意向图。其中有一张图片深深触动了我们，那就是纽约曼哈顿中央公园的俯视图。众所周知，这里的房价高昂，然而，当我们仔细观察时，却惊讶地发现，在曼哈顿中心竟然没有摩天大楼，只有一块巨大的狭长的绿化带！这让我们恍然大悟：世界上最珍贵的东西，莫过于绿色！对于人类而言，真正的奢华是享尽人间浮华后的返璞归真，最终珍视的还是健康。在这片喧嚣的城市中，大面积的绿色显得如此静谧而高级。于是，我们找到了答案！我们要用"绿色"的概念，打造出一款最高级的空气产品，让它成为用户家中的"曼哈顿中央公园"！

如前所述，这款产品不仅在功能上关注冷暖调节，更重视对空气质量的全面关怀，空气的新鲜度、湿度等指标，都要达到优秀水准。空气潮湿时，它可以使用除湿功能；空气干燥时，则可以使用加湿功能。它既能吹出冷暖风，又能净化空气，还能实时反馈空气质量，与用户互动。我们将其塑造为家庭空气质量的管理者，并赋予它一个全新的名字——"空气站"。

COLMO 空气站场景图

COLMO 空气站细节图

俯瞰纽约曼哈顿中央公园，两侧建筑夹峙出一片绿色，这片绿色形成一个完整的长方形，两边则是高楼林立、商业繁华。而我们的空调，左右两侧是出风口，机身造型犹如曼哈顿高耸入云的建筑。左右的出风口夹着中间一块表面镶嵌天然石材的面板，宛如俯瞰曼哈顿中央公园的景象，高级感油然而生，这绝对是世界上最绿色、最珍贵的空气产品！

在空调中间的透明舱内，我们放置了一棵"生命之树"，作为整个产品的交互中心。开机时，生命之树会缓缓升起，充满了仪式感。

当时，"生命之树"是设计师为了直观展示空气质量反馈信息而设计的一个动态装置，它悬浮在空中，酷劲十足，下方的灯光颜色代表空气质量。当我第一次看到效果图时，仿佛置身于电影《阿凡达》最后的浪漫场景之中，实现了许多人向往却难以实现的美好愿景。想象力是产品定义中不可或缺的重要能力，也是基本素养之一。我们要尽量用用户熟悉的语言，将故事讲述得美好而动人。前面是高端象征的曼哈顿中央公园，后面是代表"智慧"的生命之树，它们共同诠释了产品为用户带来的高品质空气质量和智慧生活理念。整个产品定义的故事从宏观到微观，环环相扣，每个卖点都讲述得透彻而生动。

"理性的雕塑"不仅是对产品设计的描述，更是对COLMO系列产品精神的提炼。其中，"理性"代表逻辑与严谨，"雕塑"则代表艺术与感性。毕竟，能够称为"雕塑"的作品，必定经过精雕细琢，蕴含着艺术家真挚的情感。

SO,DO 闭环，最恰当的过滤器

产品定义从不确定性走向确定性，需要通过感知目标群体，与之建立共情，判断用户的生活方式，并借助场景化的故事演绎来明确产品定义。面对海量的发明与创新，我们需要有效筛选这些创新点，评估其适用性，确保产品理念能触达用户，支撑营销故事，并成功转化为精准的产品定义。此时，"SO"故事演绎便成为一种高效的过滤器，通过完整、顺畅、自然的故事演绎过程，帮助我们最终确定合理的产品定义。

"SO"的核心思路在于捕获群体感知，运用林比克地图对应的抽象词汇进行准确度量，找到群体特征的对应位置后，进行归纳转化。这一转化过程使我们逐步深入理解用户，设计的影响力也由此生根发芽。从用户感知出发，贯穿产品定义的整个过程，而故事演绎则是推动这一过程的顶层设计。

人们普遍喜爱听故事，因为故事中的元素丰富有趣。采用讲故事的方式，能够吸引用户的兴趣与关注，以故事形式还原设计片段，更易引发共鸣，构建共情。因此，在产品发布或报告撰写时，采用故事叙事的方式往往更便于对方理解和共情，甚至可以通过绘制四格漫画来展示故事，利用图像传达概念信息，以加深受众记忆。不要高估受众的理解力，共情并非单向传递，简单明了的信息传递是共情的基础。作为产品定义者，不仅要关注叙事本身，还要忠实于故事中的各种场景关系。

"熊猫布布"是我近年来接触到的特别有趣的客户案例，其产品与我们每个人，尤其是年轻人息息相关。当时，三位年轻的创业者找到我，表示要做中国科技母婴品牌。这让我感到非常振奋，因为随着国民素质的提升，年轻妈妈们在选择产品时已经不再盲目崇洋，而是更加理性地考虑产品的功能和性价比。因此，我认为在中国以"科技"为核心出发点来打造母婴产品是非常契合市场需求的。

由于创始人具备用户社群运营经验，他们在产品开发前就搜集了大量的用户和产品数据，包括用户的年龄分布、哺乳习惯，以及产品的功能选择、价格、使用痛点等。这些信息对我们后续的产品定义起到了极大的作用。我们的团队与品牌方进行了多轮研讨，并进行了深入的桌面调研，对现有产品进行了充分解析。最终，我们梳理出了大量的用户痛点，并明确现有的产品还有很大的优化空间，但是，我们也意识到需要解决的问题很多，如果逐一攻克将耗费大量时间。

此时，"SO,DO"理论发挥了其巨大价值。我们重新梳理了之前的用户信息，结合用户研究中提及的场景，构建了用户使用吸奶器的产品故事。

最初，三位创始人带着非常宝贵的800多份详细的用户样本找到我们，那么，我们该如何从中抽取出有价值的信息呢？面对前期梳理出的众多痛点，该如何找到对应的解决方案呢？我们注意到有大量用户提到了硅胶老化的问题，然而，对于我们所面对的中高收入用户群体而言，这个问题完全可以通过"次抛"的方式来解决。但冷静下来思考，这真的是用户最在意的问题吗？这是问题的核心吗？我们能否通过解决此类问题来构建产品的核心卖点呢？是否存在一些使用场景能够帮助我们过滤信息，引导我们找到正确的功能定义呢？对于这个感性群体而言，她们正处于人生中最特殊的阶段，我们不能仅通过理性分析痛点来解决问题，需要站在用户的角度，以故事性的思路去演绎这段经历，深入了解她们的需求和感受，为她们设计产品。

这让我想起了 Lululemon 的创始人奇普·威尔逊（Chip Wilson）将其用户群定义为"超级女孩"——一群年龄在 24 到 35 岁、受过高等教育、有较高收入、独立居住，热爱生活、运动和旅行的独立女性。在中国，同样也出现了这样一群"超级妈妈"，她们从"超级女孩"升级为"超级妈妈"，但与之不同的是，这个阶段可能是她们最脆弱的时期。我们应该带着怎样的情感去为她们设计产品呢？这个问题一直困扰着我。

在与众多妈妈交流的过程中，我们发现大多数妈妈都是在晚上或夜间独自使用吸奶器的，这让她们感到疲惫和孤独。因此，我们为这款产品设计了一种"夜灯模式"，它就像一盏柔和的床头灯，既能在夜晚提供一丝光亮，又不会刺眼或打扰他人。在产品设计方面，我们也融入了一个小巧思：灵感来源于我家使用的一款 Luceplan 吊灯，为了让光线更加柔和，我们采用了漫反射的光路设计，营造出一种温馨的视觉感受。

Luceplan 吊灯

"熊猫布布"吸奶器产品图

"熊猫布布"吸奶器使用场景图

"熊猫布布"吸奶器拿取图

我们还观察到，很多妈妈在家拿取吸奶器时，往往需要同时照顾宝宝，"手忙脚乱"是她们经常提到的词。对于这样一个体积较大的产品而言，单手拿取确实不容易。因此，我们调整了产品内部的堆叠结构，将显示部分与主体部分分离，形成一个圆盘状的操作层。同时，在下部设计了一个像脖子一样的过渡部分，这样自然而然地形成了一个把手，方便妈妈单手拿取，这种把手设计也大大增强了心理的稳定感。在设计产品时，我们始终要想着每一个动作、描述每一个场景、编织每一段故事。

其实，编织故事就像导演一部电影。为什么王家卫的电影深受大家喜爱？即使有些电影你看不懂，因为他的每部电影都明确表达了一种特定的内涵。《东邪西毒》表达的是"嫉妒"，《重庆森林》展示的是都市人的"孤独"，《卧虎藏龙》虽然有些特效动作看似不真实，但它聚焦的主线是爱情而非武侠。回到我们的项目中来，我们为"熊猫布布"打造的这款吸奶器，其核心就是满足"超级妈妈"的愿望。我们用产品演绎出一幕幕场景，讲述一个和产品一起孕育宝宝的温馨故事。

END

结语

致产品定义者——
互联网时代勇敢地发声

在设计界，我们面临一种既尴尬又令人遗憾的境遇。诸如扎哈、保罗·安德鲁等建筑巨匠，他们荣膺世界建筑设计大奖，被尊为艺术的先驱与审美的领航者。然而，在产品设计的殿堂里，像乔纳森、迪特拉姆斯这样的巨擘，尽管在工业设计史上留下浓墨重彩的一笔，其影响力与知名度却远不及前者。更令人忧虑的是，如今越来越少的年轻人选择投身这一领域，高校的相关专业也日渐萎缩。

作为产品人，我始终秉持平和与理性的心态。因为产品设计师的工作往往被视作理所当然，我们日常所用的洗衣机、热水器、杯盏碗碟，皆是生活必需品。这些产品的功能与设计巧思，常被视为自然而然的存在。人们不会将桌椅结构的合理性，与知名画作中色彩的精妙相提并论。我们就是这样一群平凡而伟大的设计师！

即便如前文提及的著名制笔品牌辉柏嘉，其对铅笔防滑点的设计虽微不足道，却堪称发明级的创新，对人类书写历史产生了深远的推动作用。我们的工作广泛而平凡，唯有以平和的心态面对，方能避免失落。提及"设计"，更多人首先想到的是香奈儿的设计师卡尔·拉格斐尔德，或者古驰的创始人古驰奥·古驰，产品设计师往往无法站在聚光灯下接受采访，被问及"下一季的流行色是什么"。产品设计并非一个能够轻易绽放光彩的职业。

  我们不仅需要保持低调，更要以平常心去审视生活中的每一个细节，在每一个项目中，我们都要思考如何进行革新与创造。产品定义既普通又复杂，它不仅涉及视觉层面，也不仅是机械原理或材料的选择，它是一个综合性的学科，融合了心理、交互、视觉等多个方面。因此，每一位工业设计师、每一位产品定义者，都需要具备丰富的生活阅历、工作阅历和人生阅历，积累全面的能力后，方能胜任。

  同时，我们要有自知之明，清楚自己的角色定位与设计的边界。经济的发展与技术的进步，才是推动人类社会前进的巨大动力，而设计只是其中微不足道的一环。爱迪生发明灯泡，得益于玻璃吹制工艺，使灯丝得以置入。如今我们已进入 LED 时代，光线的输出已不再需要传统的灯泡，甚至"灯泡"这一概念本身也已发生了质的变化。

众多设计书籍或探讨好产品的标准，或分析成功案例，而本书则旨在揭示产品定义的底层逻辑与思考角度，以及产品定义的多元组成观点。或许有人因此恍然大悟，决定摒弃那些华而不实的"网红产品"。

真正伟大的产品与创新，应源自更基础、更富人文关怀的设计理念。它们应从一个良好的体验、一种绝佳的幸福感出发去定义与打造。产品定义的底层是讲述场景故事、塑造概念。产品定义者讲述产品故事，并非单纯追求颜值的出众，而是基于有理有据的逻辑推论，从流程到方法再到结果，而产品的外观只是其表达形式，是设计师能力的一种展现。

近期，我发现了如大疆 Pocket 手持摄像机这样的优秀产品定义，它为旅游者带来了全新的手持云台拍摄体验。这款产品完全超越了传统数码相机的范畴，如同诺基亚向 iPhone 的跨越。它解决了更贴近生活的痛点，更具人文关怀与人性化设计，创造了颠覆性的体验，为使用者带来了全新的出行幸福感。希望读者在阅读本书后，也能跃跃欲试。

我始终坚信信念的力量，对自己所输出的理念与观点深信不疑。前段时间，我在一个设计相关的公众号上看到一篇文章，引用了我们之前定义的系列产品的观点，这让我倍感欣慰，这说明我们过往的观点与产品定义得到了业界的认可，理念得以传播并影响了许多人。

说句玩笑话，在过去的十几年里，我像设计界的"孔子"一样，周游"列国"，与不同的企业家、学者分享产品定义的重要性。这不仅是为了做项目赚钱，更是为了将产品定义的思维方式传承下去。我衷心期待在中国能涌现出更多像乔布斯、马斯克一样的企业家，他们能够以产品为原点发展品牌与企业，与用户产生共鸣，会讲故事、做正确的产品定义，从而创造出伟大且造福人类的产品！